高等学校材料类规划教材

实用材料科学
与工程实验教程

王兆波 王宝祥 郭志岩 等编著

化学工业出版社

·北京·

本书是结合材料科学与工程专业的全面发展以及学科、行业发展对人才的需求编写而成的。本书在实验内容的设计方面，还增加大量前瞻性实验项目，更加注重培养读者的分析综合能力和知识应用能力，为培养出有探索精神的创新型、科研型人才打下坚实的基础。

本书主要分为五个部分：第一部分主要是材料合成与制备实验；第二部分主要是材料成型与加工实验；第三部分主要是材料结构表征实验；第四部分主要是材料性能测试实验；第五部分主要是综合性实验。全书内容涉及无机非金属材料实验、金属材料实验、高分子材料实验、材料加工改性实验以及新材料实验等方面内容，涉及面广、内容精选、简明适用、实用性强。

本书可供与材料科学与工程及相关专业的教学使用，还可供从事材料、新材料研究、开发和应用的研究人员及工程技术人员参考。

图书在版编目（CIP）数据

实用材料科学与工程实验教程/王兆波等编著 . —北京：
化学工业出版社，2018.8
高等学校材料类规划教材
ISBN 978-7-122-32431-3

Ⅰ.①实… Ⅱ.①王… Ⅲ.①材料科学-实验-高等
学校-教学参考资料 Ⅳ.①TB3-33

中国版本图书馆 CIP 数据核字（2018）第 135256 号

责任编辑：朱　彤　　　　　　　　　　装帧设计：刘丽华
责任校对：王　静

出版发行：化学工业出版社（北京市东城区青年湖南街 13 号　邮政编码 100011）
印　　装：河北鹏润印刷有限公司
787mm×1092mm　1/16　印张 9¾　字数 220 千字　　2019 年 1 月北京第 1 版第 1 次印刷

购书咨询：010-64518888　　售后服务：010-64518899
网　　址：http://www.cip.com.cn
凡购买本书，如有缺损质量问题，本社销售中心负责调换。

定　　价：36.00 元

前言

FOREWORD

实验教学是创新人才培养体系的重要组成部分，高等学校的实验教学也是实践教育环节的重要组成部分，对于提高学生的综合素质、培养学生的创新意识、创新精神以及实践能力，有着不可替代的作用。实验教学不仅能够巩固课堂教学的理论内容，增加感性认识，而且能够培养学生实事求是的精神及理论联系实际的学风、严谨治学的态度。总之，实验教学与理论教学是相辅相成的，也是统筹协调的。

本书是编著者多年来从事材料科学与工程专业实验和实践的总结。作者所在单位根据教学和科研工作的需要，开设了不同类型的实验课，并且随着材料科学的发展和实验条件的改善，增补了大量新技术和新内容。需要指出的是：本书有些实验属于作者自己的科研成果，也都经过高年级学生的实践证明过的，是符合学习要求的。此外，由于这些实验是随着我国材料工业和分析仪器工业的发展而逐渐扩充的，所以书中所涉及的大部分实验材料在国内均可找到相关供货厂商，大部分实验设备我国已经能够生产，这对读者使用本实验教材也是有利条件。

为了适应教学改革的需要，培养"重基础、强能力、有特色"的专业技术人才，本书在编写时，力求做到内容比较全面；根据材料科学与工程学科的四个基本要素，编入了材料合成与制备、材料成型与加工、材料结构表征、材料性能测试及综合性实验等内容。在实验水平上，既介绍一般的常用方法，也引入了一些新的技术。在教育实践中，教学与科研是密不可分的，将科研成果引入实验教材中，能提高教学质量，有利于科研发展。基于上述原则，本书在编写时强调通过对材料实验课程的学习，重视实验技能、动手能力的培养和训练。通过本书，能帮助学生更加深刻地掌握本专业学习的各门专业课基础知识，从而为培养出有探索精神的创新型、科研型人才打下坚实的基础。全书力求覆盖面宽、内容精选、简明适用，既可以作为材料科学与工程相关专业师生的教学参考书或教材，也可供一般从事材料科学的技术人员和科研人员参考。

本书由王兆波、王宝祥、郭志岩等编著。此外，于立岩、王桂雪、彭红瑞、李斌、叶林忠、孙瑞雪、于薛刚、刘鲁梅、单妍、于庆先、蔺玉胜、马莉莉、肖海连、于寿山、张乾、刘欣等老师也参与了本书的编写工作。全书由姜迎静老师负责进行校对。本书的出版得到了青岛科技大学材料科学与工程学院有关老师的热情支持和帮助，在此谨表谢意！

限于编著者的水平和经验，书中一定有很多不完善和不妥之处，望读者不吝指正。

编著者
2018 年 6 月

目录 ▶▶▶

CONTENTS

材料合成与制备实验

实验 1　常温制备表面修饰的 ZnS 半导体纳米晶材料

一、实验目的

(1) 了解表面修饰的 ZnS 半导体纳米晶质材料的制备工艺。
(2) 掌握常温制备纳米材料的制备方法和工艺特征。
(3) 了解纳米材料的表征手段，包括扫描电镜、透射电镜和粒度分析等。

二、实验原理

β-ZnS 又称闪锌矿，面心立方结构，晶胞参数 $a = 0.5406\text{nm}$，$z = 4$，在自然界中能够稳定存在。ZnS 是一种性能优良的半导体材料，禁带宽度为 3.54eV，被广泛用于陶瓷材料、光催化材料、阴极射线显示、气敏材料、电致发光材料等，近年来 ZnS 型半导体发光器件、半导体量子阱器件也取得了重大成果。此外，它还被应用于传感器，对 X 射线进行探测，也可用于制作光电（太阳能电池中）敏感元件、涂料及特定波长控制的具有光电识别标志的激光涂层等。ZnS 还是一种优异的红外光学材料，在波段 $3 \sim 5\mu m$ 和 $8 \sim 12\mu m$ 范围内具有较高的红外透过率及优良的光学、力学、热学综合性能，是性能最佳的飞行器双波段红外观察窗口和头罩材料。此外，ZnS 还具有一定的气敏性，对低浓度、还原性较强的 H_2S 具有很高的灵敏度，对其他还原性相对较弱的气体灵敏度较低。因此，其抗干扰能力较强，有很好的开发应用前景。ZnS 具有对六种水溶性染料的光降解脱色作用。粒径约为 4nm 的 ZnS 纳米微粒通过表面活性剂二-十六烷基二硫代磷酸（DDP）修饰后，作为润滑油添加剂使用时能够明显提高基础油的抗磨能力。近年来，用水热法合成的 ZnS 粒子屡有报道。中国科技大学钱逸泰院士课题组利用水热法将 $Zn(CH_3COO)_2$ 和 Na_2S 反应生成白色蓬松的悬浮液，在 150℃ 条件下水热处理，成功制备的纳米级 ZnS 为立方型 ZnS 相（闪锌矿），平均粒径约为 6nm；制备出的闪锌矿 ZnS 粉末粒子分布窄，在 $400 \sim 500\text{cm}^{-1}$ 范围内具有良好的红外透射率。青岛科技大学胡正水教授利用咪唑啉型表面活性剂作为表面修饰剂，在无水乙醇中以 $Zn(CH_3COO)_2$ 和硫代乙酰胺（TAA）于 150℃溶剂热反应 12h，得到粒径为 300～500 nm 的均分散 ZnS 空心球，具有良好的空心量子效应和光致发光效应。

随着材料化学的发展，制备 ZnS 半导体纳米材料的工业化应用越来越引起人们的广泛关注。然而对于上述制备 ZnS 纳米材料的方法，水热、溶剂热法的高温、高压不但会增加成本，而且操作比较复杂、危险，表面活性剂的引入经常会遭到破坏或难以被回收循环利用，对工业化生产非常不利。因此，开发一种简便、经济的合成工艺，大规模制备 ZnS 空心球还面临很大挑战。

本实验以 $Zn(CH_3COO)_2$ 和硫代乙酰胺（TAA）分别为 Zn 源和 S 源，以三嵌段聚合物 PEO-PPO-PEO 或十六烷基三甲基溴化铵（CTAB）为表面活性剂在室温下于水中或无水乙醇中反应 24h 制备 ZnS 纳米晶。

三、实验用品

实验原料：乙酸锌 $[Zn(CH_3COO)_2 \cdot 2H_2O]$、硫代乙酰胺（TAA）、无水乙醇、十六烷基-三甲基溴化铵（CTAB），均为分析纯，水为蒸馏水。

实验用品：100mL 烧杯、电子天平、离心机、离心试管、干燥箱。

四、实验步骤

在 100mL 烧杯中分别加入等摩尔比的 $Zn(CH_3COO)_2 \cdot 2H_2O$ 和 TAA，用 40mL 无水乙醇充分搅拌溶解后，再加入 0.24g 的表面活性剂 CTAB。该体系在室温（15～20℃）下放置 24h，得到白色沉淀。将沉淀仔细收集后，分别用蒸馏水和无水乙醇洗涤多次，粉末室温干燥 4h，采用 JEM-2000EX 型透射电镜（日本 JEOL 公司，加速电压为 160kV）表征其形貌，采用 Zeta-3000 HS 粒度分布仪（英国马尔文仪器公司）确定其粒径分布。

五、思考题

(1) 常温制备 ZnS 纳米材料有哪些优点？

(2) TAA 是如何提供硫源的？

参 考 文 献

[1] 黄凤华. 硫脲表面修饰的 ZnS:Cd 纳米晶的合成及表征. 分子科学学报（中、英文），2006，22（1）：63-66.

[2] 郭应臣，卓立宏，乔占平. 表面修饰 CdS 和（CdS）ZnS 纳米晶的性能研究. 化学研究与应用，2007，19（1）：37-41.

（单妍）

实验 2　氢电弧等离子体法制备纳米粉体

一、实验目的

（1）了解氢电弧等离子体法制备纳米粉体的实验原理。

（2）掌握氢电弧等离子体法制备纳米铁粒子的制备过程。

（3）了解实验中对实验结果影响的各因素，并对实验结果会进行表征分析。

二、实验原理

之所以被称为氢电弧等离子体法，主要是由于在制备工艺中使用氢气作为工作气体，可大幅度提高产量。其原因归结为氢原子化合为氢分子时放出大量的热，产生强制性蒸发，使产量大大提高，而且氢的存在可以降低熔化金属的表面张力而加速蒸发。合成机理为：含有氢气的等离子体与金属间产生电弧，使金属熔融，电离的 Ar 和 H_2 溶入熔融金属，然后释放出来，在气体中形成金属的超微粒子，用离心收集器、过滤式收集器使微粒与气体分离而获得纳米微粒。

三、实验用品

实验设备主要由 6 部分组成：真空室、真空泵、电焊机、冷却系统、铜电极、钨电极等。此外，其他辅助用品有：铁块、氩气、钨电极、氢气。

四、实验步骤

（1）检查实验设备的气密性，检查循环冷却系统是否畅通正常。

（2）打开机械泵，对真空室进行抽真空，达到较高的真空度，关闭真空计；关闭机械泵，并对机械泵放气。

（3）打开氢气和氩气管道阀，控制适当比例，往真空室中充入低压、纯净的氢气和氩气，然后关闭氢气和氩气管道阀，关闭气瓶减压阀及总阀。

（4）开通循环冷却系统。

（5）打开电源开关，引弧，调节电极的位置，调节工作电流，寻找最佳的生粉条件。

（6）制备过程中密切观察真空室压力表指针变化。若发现真空室内压力明显增加，要迅速查明原因，及时解决；同时，要注意观察电极与铁块间的距离，防止短路和断弧。

（7）制备结束后，关闭电源。待设备完全冷却后，关闭循环冷却系统。

（8）打开真空室，收集纳米粉。

五、思考题

（1）纳米粉体的粒度、粒径与气体的压力、各个气体的分压有何关系？

（2）纳米粉体的产量、粒子大小与电流、电压有何关系？

参 考 文 献

［1］ 杨江海，张振忠，赵芳霞，王超，安少华．直流电弧等离子体法制备铋纳米粉体．中国有色金属学报，2009，19（2）：334-338.

［2］ 高建卫，张振忠，张少明．直流氢电弧等离子体蒸发法制备 Cu-Ni 纳米复合粉体．铸造技术，2005，26（4）：261-263.

（于立岩）

实验 3　惰性气体蒸发法制备纳米粉体

一、实验目的

（1）了解惰性气体蒸发法制备纳米粉体的实验原理。

（2）掌握惰性气体蒸发法制备纳米铜粒子的制备过程。

（3）了解实验中对实验结果影响的各种因素，并对实验结果会进行表征分析。

二、实验原理

惰性气体蒸发法又称为气体冷凝法，是在低压的氩、氮等惰性气体中对金属进行加热，使其蒸发后形成超微粒（1～1000nm）或纳米微粒。整个制备过程是在超高真空室内进行。通过分子涡轮处理使真空室内达到 0.1Pa 以上的真空度，然后充入低压（约 2kPa）的纯净惰性气体（He 或 Ar，纯度约为 99.9996％）。将金属片置于坩埚内，通过电阻加热方式对坩埚内金属逐渐加热蒸发，产生金属的原物质烟雾。由于室内惰性气体的对流，烟雾向上移动。在蒸发过程中，原物质发出的原子与惰性气体原子相互碰撞，快速损失能量而冷却，在原物质蒸气中造成很高的局域过饱和，导致均匀的成核过程。在接近冷却棒的过程中，金属原物质蒸气首先形成原子簇，然后形成单个纳米微粒。在接近冷却棒表面的区域内，单个纳米微粒聚合长大，最后在器壁表面冷却积累，最后收集后获得纳米粉。

三、实验用品

惰性气体蒸发法纳米粉体制备设备主要由以下部分组成：不锈钢真空反应室（内层通有冷却水）、交流电源、真空泵机、连接在电极两端的高熔点钼（Mo）舟、可转动的加料槽；辅助措施：纯铜片。

四、实验步骤

（1）检查设备的气密性，检查循环冷却系统各部位是否畅通。

（2）打开机械泵，对真空室抽气使其达到较高的真空度，关闭真空计；关闭机械泵，并对机械泵放气。

（3）打开氢气和氩气管道阀，控制适当比例，往真空室中充入低压、纯净的氢气和氩气；然后关闭氢气和氩气管道阀，关闭气瓶减压阀及总阀。

（4）开通循环冷却系统。

（5）打开总电源及蒸发开关，调节接触调压器，使工作电压由0V缓慢升至100V，并通过观察窗观察真空室内的现象；钼舟逐渐变红，呈赤红色并发亮，钼舟中的铜片开始熔化，接着有烟雾生成并上升。在实验过程中，根据烟雾的大小，不断调节电流，保证电流不会过大，蒸发温度过高，造成产物的粒径过大或超出钼舟的承受能力甚至造成钼舟的熔断；也要控制电流不能过小，影响蒸发速率。

（6）制备过程中密切观察真空室压力表变化。若发现压力有明显增加，要查明原因，及时解决。

（7）当钼舟中的物料将要蒸发完毕时，通过接触调压器降低工作电压到50V，然后启动加料装置，往钼舟中加入少量物料；再将工作电压升高到适当电压，继续制备。

（8）重复步骤（7），直至加料装置中的铜片制备完毕。

（9）制备结束后，关闭蒸发电源及总电源。待设备完全冷却后，关闭循环冷却系统。打开真空室，收集纳米粉。

五、思考题

（1）惰性气体蒸发法的优点和缺点各是什么？
（2）纳米颗粒有哪两种基本制备途径？

参 考 文 献

[1] 高建卫，张振忠，张少明. 直流氢电弧等离子体蒸发法制备Cu-Ni纳米复合粉体. 铸造技术，2005，26（4）：261-263.

[2] 鲍久圣，阴妍，刘同冈，杨志伊. 蒸发冷凝法制备纳米粉体的研究进展. 机械工程材料，2008，32（2）：4-7.

（于立岩）

实验4 介孔状二氧化铈的溶剂热合成

一、实验目的

（1）了解溶剂热法的工作原理与使用方法。
（2）掌握溶剂热法制备介孔状二氧化铈纳米粉体。

二、实验原理

溶剂热法又称热液法，属液相化学法的范畴，溶剂热法可简单地描述为使用高温、高压溶剂以使通常难溶或不溶的物质溶解和重结晶。溶剂热法依据反应类型的不同可分为：溶剂热氧化法、溶剂热还原法、溶剂热沉淀法、溶剂热合成法、溶剂热水解法、溶剂热结晶法等。其中溶剂热结晶法和溶剂热合成法用得最多。溶剂热结晶法是指以非晶态氧化物、氢氧化物或溶剂溶胶为前驱物，在溶剂热条件下结晶成新的氧化物晶粒。溶剂热合成法是指允许在很宽的范围内改变参数，使两种或者两种以上的化合物起反应，合成新的化合物。溶剂热法制备的材料具有高纯、超细、溶解性好、粒径分布窄、颗粒团聚程度轻、晶体生长较完整、工艺相对简单、粉体烧结活性高等特点。

本实验采用溶剂热法。首先利用六水硝酸铈的热分解来获得二氧化铈晶核，然后利用体系中乙二醇溶剂对二氧化铈晶核的溶剂化作用，得到介孔状二氧化铈粉体，其形貌如图 1-1 所示。

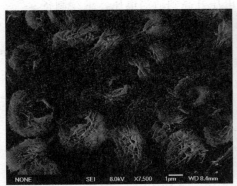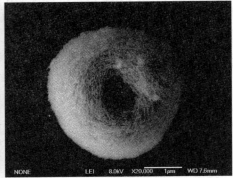

图 1-1　介孔状二氧化铈扫描电镜照片

三、实验用品

实验设备：溶剂热反应釜 6 个（体积 100mL），磁力搅拌器 3 台，鼓风加热箱 1 台。
实验用品：电子天平、烧杯、量筒、去离子水、硝酸铈、乙二醇。

四、实验步骤

（1）称量一定量硝酸铈，并用量筒量取一定量的乙二醇溶液。
（2）将称量的硝酸铈加入到乙二醇溶液中，进行磁力搅拌，形成混合溶液。
（3）用量筒量取一定量上述混合溶液，转移到反应釜中，密封好反应釜。
（4）将密封好的反应釜放入事先设置好温度的加热箱中，保温 24h。
（5）实验结束后，取出样品，洗涤、干燥。

实验注意事项：①保证反应釜各部分为干燥及干净状态，将反应釜放入加热箱中要保证每个反应釜密封完好，防止在加热过程中产生漏液现象；②不熟悉的有机样品称样量应严格限制在 0.5g 以内；③溶液总体积应控制在 60～70mL 内。

五、思考题

介孔状二氧化铈纳米粉体形成的原理是什么？

参 考 文 献

［1］ 朱文庆，瞿芳，袁煜昆，陈浩军，李卓．微乳辅助溶剂热法纳米二氧化铈的合成与表征．纺织高校基础科学学报，2013，（3）：406-409.

［2］ 赵海军，候海涛，曹洁明，郑明波，刘劲松．溶剂热合成具有海绵状结构的介孔 SnO_2．物理化学学报，2007，23（6）：959-963.

（郭志岩）

实验 5　微波水热制备氧化铈纳米粉体

一、实验目的

（1）了解微波水热法的工作原理与使用方法。
（2）掌握微波水热法制备氧化铈纳米粉体。

二、实验原理

微波与无线电波、红外线、可见光一样都是电磁波。微波是指波长在 1mm～1m 之间的电磁波，即频率为 300MHz～300GHz 的电磁波。在微波水热法中，反应釜中反应介质材料由极性分子和非极性分子构成，在电磁场作用下，反应釜中的极性分子从原来的随机取向分布状态转向依照电场的极性排列取向。而在高频电磁场作用下，这些极性分子的取向按交变电磁场的频率不断变化，这一过程造成分子的运动和相互摩擦从而产生热量。与此同时，交变电场的场能转化为介质内的热能，使反应釜中的介质材料温度不断升高，这就是对微波加热水热法通俗的解释。微波水热法的优势和特点如下：利用微波作为加热工具，可实现分子水平上的搅拌，加热速率快，加热均匀，无温度梯度，无滞后效应；克服传统水热容器加热不均匀的缺点，缩短反应时间，提高工作效率。

在本实验过程中，首先利用六水硝酸铈的热分解来获得二氧化铈晶核，通过在反应体系中加入不同表面活性剂对初期形貌的二氧化铈晶核进行表面修饰，起到形貌结构调控的目的，随着微波对反应体系的不断加热，体系中的二氧化铈小晶核通过不断吸收能量而长大，最终得到二氧化铈纳米材料。

三、实验用品

实验设备：微波水热平行合成仪（型号：XH-800S）1 台。

实验用品：电子天平、烧杯、量筒、去离子水、平板磁力加热搅拌器、六水硝酸铈、聚乙烯吡咯烷酮（PVP）、十六烷基三甲基溴化铵（CTAB）

四、实验步骤

（1）配置一定浓度硝酸铈水溶液。

（2）在一定浓度的硝酸铈水溶液中加入适量表面活性剂，进行磁力搅拌，形成混合溶液。

（3）用量筒量取一定量上述混合溶液，转移到微波反应釜中，加入防爆垫，密封后放入转盘中，将传感器插入主罐并正对操作者。

（4）安装测压组件。此组件两头可互换，一头接腔体上压力传感器接头，一头接在主罐测压接头上（必须拧紧，但避免拧滑丝）。

（5）实验参数的设置。

（6）开始实验，观察实验过程及现象。

（7）实验结束后，取出样品，洗涤、干燥。

实验注意事项：①保证反应釜各部分（除反应釜内罐内壁）为干燥及干净的状态，以防罐体局部吸收微波后温度过高，损坏罐体；②实验前检查防爆膜是否安装且安装正确；③不熟悉的有机样品称样量应严格限制在 0.5g 以内；④溶液总体积应控制在 5～40mL 内；⑤对容易产生气体的物料，要事先在一个开口容器中进行预处理，等待 15min 反应后，让易氧化物质在微波加热前挥发出去；⑥微波加热碱性或者盐分过多的样品时，会通过这些溶液的结晶聚集于内壁上，这些样品吸收微波后造成罐子局部过热而损坏罐子；⑦禁止在微波水热合成釜中加入以下反应物质：炸药、推进剂、引火化学品、二元醇、航空燃料、高氯酸盐、乙炔化合物、醚、丙烯醛、酮、漆、烷烃、双组分混合物、动物脂肪等。

实验报告要求：明确实验目的及实验原理，制备氧化铈纳米粉体的过程。分析表面活性剂在合成氧化铈纳米粉体中的作用，反应参数设置对实验结果的影响。

五、思考题

（1）微波水热过程中反应功率的高低对纳米粉体有何影响？

（2）为什么金属容器盛放实验液体不能放入微波场中加热？

参 考 文 献

[1] 袁春华. 二氧化铈纳米粒子的制备方法评述. 无机盐工业，2007，39（5）：10-11.

[2] 潘湛昌，肖楚民，张环华，李秀珍，杨文霞. 液相法制备纳米二氧化铈的方法比较. 矿业研究与开发，2003，（s1）：178-180.

（郭志岩）

实验 6　本体聚合制备有机玻璃棒

一、实验目的

（1）了解通过过氧化苯甲酰引发下的甲基丙烯酸甲酯的聚合反应。
（2）了解本体聚合反应的基本原理和聚合特点。

二、实验原理

本体聚合是指单体本身在不加溶剂及其他分散介质的情况下，由微量引发剂或光、热、辐射能等引发进行的聚合反应，具有聚合产物的纯度高、聚合产物不必进行后处理等优点。本体聚合这种聚合方式经常被用于实验室研究，如聚合反应动力学的定量研究和共聚反应中竞聚率的测定等。在工业中，本体聚合多被用于制造板材和型材，聚合反应所采用的设备也相对比较简单。本体聚合的突出优点是产品纯净，特别是可以用来制得透明的高分子产品，但是其突出的缺点是聚合反应热的散热困难，而且在聚合中容易发生凝胶效应。为了解决这个问题，目前在工业上通常采用分段聚合的方式。

本体聚合的体系组成和反应设备是最简单的，但聚合反应却是最难控制的。这是由于本体聚合不加分散介质，聚合反应到一定阶段后，体系黏度大，易产生自动加速现象，聚合反应热难以导出，因而反应温度难控制，易局部过热，导致反应不均匀，使产物分子量分布变宽，这在一定程度上限制了本体聚合在工业上的应用。为克服以上缺点，常采用分段聚合法，即工业上常称的预聚合和后聚合。

有机玻璃，其学名是聚甲基丙烯酸甲酯（PMMA），是采用本体聚合的方法来制备的。PMMA 的制品具有非常优良的光学性能，且密度小、机械性能、耐候性好，目前在航空、光学仪器、电器工业、日用品等众多领域有非常广泛的应用。MMA 是含不饱和双键结构的不对称有机小分子，容易发生聚合反应，聚合反应热为 56.5 kJ/mol。在 MMA 的本体聚合中，最突出的特点是存在着"凝胶效应"；也就是说，在聚合反应的过程中，当单体的转化率达到 $10\%\sim20\%$ 的时候，整个反应体系的聚合速率会变得突然加快，反应体系物料的黏度会骤然上升，并导致出现局部过热的现象。出现这个现象的原因是由于随着聚合反应的持续进行，整个反应体系的黏度不断增大，活性增长链的移动越来越困难，致使它们之间相互碰撞而产生的双基链终止反应的速率常数发生显著下降；相反，单体小分子扩散作用则不受影响。如此一来，活性增长链与单体小分子的结合进行链增长的反应速率并不变。但是链终止的速度减慢，对于整个聚合体系而言，其总的结果是聚合总速率显著增加，以致发生爆发性的聚合反应。由于在本体聚合的反应体系中，没有任何溶剂、稀释剂的存在，这就使得整个反应体系的聚合反应热的排散相对比较困难，"凝胶效应"释放出的大量反应热，会使得最终产品中含有气泡并直接影响产物的光学性能。因此，无论在实验室还是工业生产中，必须通过严格控制聚合温度，以此来有效控制聚合反应速率，并确保最终产物有机玻璃产品的质量。

对于采用 MMA 的本体聚合来制备有机玻璃，常常采用分段聚合的方式，即先在聚合釜内进行 MMA 的预聚合，之后再将预聚物浇注到制品型模内，然后再开始缓慢后聚合进行成型。实行预聚合的方式会存在几个益处：①可缩短聚合反应的诱导期，并使"凝胶效应"提前到来，以便在灌模成型之前可以移出较多的聚合反应热，以此保证产品的质量；②可以减少聚合时的体积收缩量，MMA 由单体变成聚合物时，其体积要缩小 20%～22%，通过预聚合的方法，可使收缩率小于 12%；③由于预聚物浆液的黏度大，可以减少灌模时候的渗透造成的损失。

三、实验用品

实验原料：甲基丙烯酸甲酯（MMA）；过氧化苯甲酰（BPO）；50mL 锥形瓶；水浴锅；250mL 烧杯。

实验用品：温度计、试管（10mL）、脱脂棉。

四、实验步骤

① 预聚合。在 50mL 锥形瓶中加入 30mL 甲基丙烯酸甲酯及约 30mg 过氧化苯甲酰（BPO），瓶口加脱脂棉，在 85～90℃的水浴中，进行预聚合反应，同时要密切注意观察反应体系黏度的变化。当体系黏度变大至甘油状的时候，取出放入冷水中冷却（250mL 烧杯＋冷水），结束预聚合。

② 灌模。将以上预聚液小心灌入干燥的 10mL 试管中，注意防止锥形瓶外水珠滴入，垂直放置 10min，赶出气泡。

③ 后聚合。将灌好预聚液的试管放入 45～50℃的烘箱中反应约 20h（注意温度不要太高，否则产物内部易产生气泡）；然后升温至 100～105℃反应 2～3h，使单体转化完全。

④ 取出所得到的有机玻璃棒，观察其透明度，是否有气泡。

五、思考题

（1）在本体聚合反应过程中，为什么必须严格控制不同阶段的反应温度？

（2）凝胶效应进行完毕后，提高反应温度的目的何在？

参 考 文 献

[1] 李海明，刘志军，魏冬青. 高分子科学综合实验设计——甲基丙烯酸甲酯本体聚合及玻璃化转变温度和分子量的测定. 实验室科学，2008，(5)：89-91.

[2] 肖炳敦. MMA 室温本体聚合法制有机玻璃的配方研究. 塑料工业，1988，(5)：27-29.

[3] 郑林禄，张薇. 本体聚合法制备有机玻璃的影响因素研究. 化学工程与装备，2011 (10)：53-55.

（刘鲁梅）

实验7 乳液聚合制备聚醋酸乙烯酯乳液

一、实验目的

（1）了解通过醋酸乙烯酯的乳液聚合实验。

（2）了解乳液聚合中各组分作用和乳液聚合的特点。

二、实验原理

乳液聚合是以水作为分散介质，小分子单体在乳化剂的作用下进行分散，并且采用水溶性引发剂引发单体进行聚合反应的方法，具有导热容易，聚合反应温度容易控制的优点。因采用的是水溶性引发剂，聚合反应不是发生在单体液滴内，而是发生在增溶胶束内形成单体/聚合物乳胶粒，每一个单体/聚合物乳胶粒仅含有一个自由基，因而聚合反应速率主要取决于单体/聚合物乳胶粒的数目，也即取决于乳化剂的浓度。乳液聚合能在高聚合速率下获得高分子量的聚合产物，且聚合反应温度通常较低，特别是在使用氧化还原引发体系时，聚合反应通常在室温下进行。乳液聚合即使在聚合后期体系黏度通常仍很低，可用于合成黏度大的聚合物，如橡胶等。

乳化剂的选择对稳定的乳液聚合十分重要。乳化剂能降低溶液表面张力，使单体容易分散成小液滴，并在乳胶粒表面形成保护层，防止乳胶粒凝聚。常见的乳化剂分为阴离子型、阳离子型和非离子型三种，一般多使用离子型和非离子型配合使用。乳液聚合所得乳胶粒子粒径大小及其分布主要受以下因素的影响。

① 乳化剂。乳化剂浓度越大，乳胶粒的粒径越小，粒径分布越窄。

② 油水比。油水比一般为（1∶2）～（1∶3），油水比越小，聚合物乳胶粒越小。

③ 引发剂。引发剂浓度越大，产生的自由基浓度越大，形成的单体/聚合物乳胶粒越多；聚合物乳胶粒越小，粒径分布越窄，但分子量越小。

④ 温度。温度升高可使乳胶粒变小，温度降低则使乳胶粒变大，但都可能导致乳胶体系不稳定而产生凝聚或絮凝。

⑤ 加料方式。分批加料比一次性加料易获得较小的聚合物乳胶粒，且聚合反应更易控制。

目前市场上"白乳胶"类黏合剂，就是采用乳液聚合方法制备的聚醋酸乙烯酯（又名聚乙酸乙烯酯）的乳液。对于乳液聚合，通常是在装备回流冷凝管的搅拌反应釜中进行反应，首先在反应釜中加入乳化剂、引发剂水溶液和单体后，一边进行搅拌，一边加热即可制得乳液。乳液聚合的反应温度一般控制在70～90℃之间，pH值控制在2～6之间。对于醋酸乙烯酯的聚合反应，由于聚合反应放热较大，反应温度的上升较为显著，采用一次投料法要想获得高浓度的稳定乳液是比较困难的，因此一般可以采用分批次加入引发剂或者单体的方法，以获得高浓度稳定乳液。醋酸乙烯酯乳液的聚合反应机理与一般乳液聚合机理是相似的。但是，由于醋酸乙烯酯在水中有较高的溶解度，而且容易发生水解，并且水解后产生的乙酸会干扰聚合反应；同时，醋酸乙烯酯自由基十分活泼，链转移反应也比较显著。因此，在聚合体系中，除了加入乳化剂外，在醋酸乙烯酯乳液聚合中，一般还需要加入聚乙烯醇来保护胶体。

醋酸乙烯酯也可以与其他单体共聚制备性能更优异的聚合物乳液，如与氯乙烯单体共聚可改善聚氯乙烯的可塑性或改良其溶解性；与丙烯酸共聚可改善乳液的粘接性能和耐碱性。

三、实验用品

实验用品：醋酸乙烯酯；10％聚乙烯醇水溶液；聚乙二醇辛基苯基醚（OP-10）；过硫酸钾（KPS）；去离子水。

其他用品：电热套；装有搅拌棒、冷凝管、温度计的三颈瓶；烧杯（50mL）；滴管；50mL锥形瓶。

四、实验步骤

（1）在50mL烧杯中将过硫酸钾（KPS）溶于8mL水中。

（2）在装有搅拌器、冷凝管、温度计的三颈瓶中加入40mL 10％聚乙烯醇水溶液，1mL乳化剂聚乙二醇辛基苯基醚（OP-10），12mL去离子水，搅拌均匀；加入5mL乙酸乙烯酯和2mL过硫酸钾（KPS）水溶液，搅拌均匀，实验装置如图1-2所示。

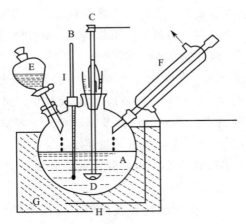

图 1-2　乳液聚合装置

A—三口瓶；B—温度计；C—搅拌机；D—搅拌器；E—滴液漏斗；

F—回流冷凝管；G—加热水浴；H—玻璃缸

（3）加热，升温至70~75℃，反应约40min。

（4）保持温度稳定（70~75℃），在约2h内分别滴加完剩余单体及引发剂，保持温度反应至无回流，逐步将反应温度升高至80~85℃，反应0.5h，撤除电热套，将反应混合物冷却至约50℃，加入10％ $NaHCO_3$ 水溶液，调节体系pH值为5~6；经充分搅拌后，冷却至室温，出料。

五、思考题

（1）乳化剂浓度对聚合反应速率和产物分子量有何影响？

（2）在实验操作中，为什么要加入聚乙烯醇？

（3）在实验操作中，单体为什么要分批加入？

<h2 style="text-align:center">参 考 文 献</h2>

[1] 洪林娜，李斌，黄辉，朱岩．改性聚醋酸乙烯酯乳液的制备及其性能研究．石油化工，2013，42（10）：1154-1158.

[2] 聂敏，王琪．超声辐照醋酸乙烯酯的乳液聚合．合成化学，2007，15（4）：471-474.

（刘鲁梅）

<h1 style="text-align:center">实验 8　苯乙烯自由基悬浮聚合</h1>

一、实验目的

（1）了解苯乙烯自由基悬浮聚合实验。

（2）了解悬浮聚合体系中各个组分的作用和聚合反应特点。

二、实验原理

悬浮聚合是依靠剧烈的机械搅拌将含有引发剂的单体分散在与单体互不相溶的介质中实现的。悬浮聚合通常以水为介质，在进行水溶性单体如丙烯酰胺的悬浮聚合时，则应以憎水性有机溶剂如烷烃等作为分散介质，这种悬浮聚合过程被称为反相悬浮聚合。在悬浮聚合中，单体以小油珠的形式分散在介质中，每个小油珠都是一个微型聚合场所，油珠周围的介质连续相则是这些微型反应器的热传导体。因此，尽管每个油珠中单体的聚合与本体聚合无异，但整个聚合体系的温度控制比较容易。

悬浮聚合的体系组成主要包括水难溶性的单体、油溶性引发剂、水和分散剂四种基本成分。聚合反应在单体液滴中进行，从单个单体液滴来看，其组成及聚合机理与本体聚合相同，因此又称小珠本体聚合。若所生成的聚合物溶于单体，则得到的产物通常为透明、圆滑的小圆珠；若所生成的聚合物不溶于单体，则通常得到的是不透明、不规整的小粒子。

悬浮聚合反应的优点是用水作为分散介质，导热容易，聚合反应易控制，单体小液滴在聚合反应后转变为固体小珠，产物容易分离处理，不需要额外的造粒工艺；缺点是聚合物包含的少量分散剂难以除去，可能影响到聚合物的透明性能、老化性能等。此外，聚合反应用水的后处理也是必须要考虑的问题。

悬浮聚合体系是不稳定的，尽管加入悬浮稳定剂可以帮助单体颗粒在介质中的分散。悬浮剂的作用是调节聚合体系的表面张力、黏度，避免单体液滴在水相中粘接。工业上常用的悬浮聚合稳定剂有明胶、羟乙基纤维素、聚丙烯酰胺和聚乙烯醇等。这类亲水性聚合物又被称为保护胶体。另一大类常用的悬浮稳定剂是不溶于水的无机粉末，如硫酸钡、磷酸钙、氢氧化铝、钛白粉、氧化锌等，其中工业生产聚苯乙烯时采用的重要的无机稳定剂是二羟基六磷酸十钙。

稳定的高速搅拌与悬浮聚合的成功关系极大。搅拌速率还决定着产品聚合物颗粒的大小。一般来说，搅拌速率越高则产品颗粒越小，产品的最终用途决定搅拌速率的大小。悬浮聚合体系中的单体颗粒存在相互结合形成较大颗粒的倾向，特别是随着单体向聚合物的转化，颗粒的黏度增大，颗粒间的粘接便越容易；而分散颗粒的粘接结块可以导致散热困难及爆聚。只有当分散颗粒中的单体转化率足够高，颗粒硬度足够大时，粘接结块的危险才消失。因此，悬浮聚合条件的选择和控制是十分重要的。

本实验进行苯乙烯的悬浮聚合，若在体系中加入部分二乙烯基苯，产物具有交联结构并具有较高的强度和耐溶剂性等，可用于制备离子交换树脂的原料。

三、实验用品

实验用品：苯乙烯；过氧化苯甲酰；4％聚乙烯醇水溶液；去离子水。

其他用品：电热套；装有搅拌器、冷凝管、温度计的三颈瓶；烧杯（50mL）；吸管；表面皿。

四、实验步骤

（1）将100mL去离子水、6mL 4％聚乙烯醇水溶液加入装有搅拌器、温度计及冷凝管的三口烧瓶，搅拌均匀。

（2）室温下将0.1g BPO溶于10mL苯乙烯。

（3）将步骤（2）倒入步骤（1）中，搅拌，待油滴在水中分散成小油珠，开始加热升温，0.5h内升温至约85℃，保持恒温聚合。当反应约0.5～1h后，小颗粒开始发黏，这时要特别控制速度，适当加快，否则易粘接。反应2h后升温至95℃，使反应进一步完成，用吸管吸少量反应液于含冷水的表面皿中观察，若聚合物变硬可结束反应。聚合过程中，不宜随意改变搅拌速率。搅拌太激烈时，易生成砂粒状聚合体；搅拌太慢时，易生成结块，附着在反应器内壁或搅拌棒上。

（4）冷却，倒出聚苯乙烯珠，反复水洗，干燥。

五、思考题

（1）在悬浮聚合反应中期易出现珠粒粘接，是什么原因引起的？应如何避免？

（2）如何控制悬浮聚合产物颗粒的大小？

参 考 文 献

[1] 郑春满，李德湛，盘毅. 有机与高分子化学实验. 北京：国防工业出版社，2014.

（刘鲁梅）

实验 9　界面缩聚制备聚对苯二甲酰己二胺（尼龙 6T）

一、实验目的

通过实验了解界面缩聚特点。

二、实验原理

界面缩聚是将两种单体分别溶于两种互不相溶的溶剂中，再将这两种溶液倒在一起，在两液相的界面上进行缩聚反应，聚合产物不溶于溶剂，在界面析出。界面缩聚具有以下特点。

① 界面缩聚是一种不平衡缩聚反应，小分子副产物可被溶剂中的某一物质所消耗吸收。
② 界面缩聚反应速率受单体扩散速率控制。
③ 单体为高反应性，聚合物在界面迅速生成，其分子量与总的反应程度无关。
④ 对单体纯度和功能基等摩尔比要求不严。
⑤ 反应温度低，可避免因高温而导致的副反应，有利于高熔点耐热聚合物的合成。

界面缩聚由于需采用高活性单体，溶剂消耗量大，设备利用率低，因此虽具有许多优点，但在工业上实际应用并不多。典型的例子是用光气与双酚 A 界面缩聚合成聚碳酸酯。对苯二甲酰氯与己二胺反应生成聚对苯二甲酰己二胺（尼龙 6T），反应实施时，将对苯二甲酰氯溶于有机溶剂如 CCl_4，己二胺溶于水，在水相中加入 NaOH 来消除聚合反应生成的小分子副产物 HCl。将两相混合后，聚合反应迅速在界面进行，所生成的聚合物在界面析出成膜，把生成的聚合物膜不断拉出，单体不断向界面扩散，聚合反应在界面持续进行。

三、实验用品

实验用品：对苯二甲酰氯；己二胺；四氯化碳（CCl_4）；氢氧化钠（NaOH）；去离子水。
其他用品：具塞锥形瓶（干燥）；烧杯（150mL，250mL，干燥）；玻璃棒。

四、实验步骤

（1）在干燥锥形瓶中加入约 1g 对苯二甲酰氯，50mL CCl_4，加塞，摇晃使对苯二甲酰氯尽量溶解配成有机相（不能全部溶解）。

（2）150mL 烧杯加入己二胺约 0.5g、80mL 去离子水和 0.4g NaOH，配成水相。

（3）将有机相倒入干燥的 250mL 烧杯中，然后用一玻璃棒紧贴烧杯壁并插到有机相底部，沿玻璃棒小心地将水相倒入，马上在界面观察到聚合物膜的生成。用镊子将膜小心提起，并缠绕在玻璃棒上，转动玻璃棒，将持续生成的聚合物膜卷绕在玻璃棒上。

五、思考题

（1）为什么在水相中需加入 NaOH？若不加，将会发生什么反应？对聚合反应有何影响？

（2）二酰氯可与双酚类单体进行界面缩聚合成聚酯，但却不能与二醇类单体进行界面缩聚，为什么？

参 考 文 献

[1] 郭丽华. 界面缩聚合成尼龙实验的综合性改进. 化学教育，2016，37（20）：35-37.
[2] 郑春满，李德湛，盘毅. 有机与高分子化学实验. 北京：国防工业出版社，2014.

（刘鲁梅）

实验 10　直流等离子体法类金刚石薄膜（DLC）的制备

一、实验目的

（1）了解真空设备的操作特点。
（2）了解类金刚石薄膜的性质、应用及制备方法。
（3）掌握直流等离子体镀膜的方法。

二、实验原理

类金刚石薄膜是近来兴起的一种以 sp^3 和 sp^2 键的形式结合生成的亚稳态材料，是金刚石与石墨结构的非晶质碳膜，其性质与金刚石膜的性质很相近，兼具金刚石和石墨的优良特性。其具有优良的摩擦学特性及优良的力学、电学、光学、热学和声学等物理性质，如高硬度、耐磨损、表面光洁度高、低电阻率、高透光率，又有良好的化学稳定性。与金刚石膜相比，类金刚石膜具有下列特点：可在室温条件下制备，设备简单，操作易控，制备成本低，对衬底材料也没有太多限制，如玻璃、塑料等都可作为衬底材料；比较容易获得较大面积的类金刚石膜；制备过程十分安全，同时具有沉积速率高等优点。

三、实验用品

直流等离子体法沉积类金刚石薄膜制备设备，如图 1-3 所示。

四、实验步骤

（1）打开氢气净化器，预热到 80℃。
（2）打开真空室（先打开放气阀），放好样品后（玻璃或硅片）关闭放气阀。
（3）打开电源，抽真空到 20～30Pa。
（4）打开 CH_4、H_2 储气瓶阀门，通入氢气，流量为 36sccm❶。

---

❶　sccm 为非法定单位。表示在标准状况下的气体流量，单位为 mL/min。

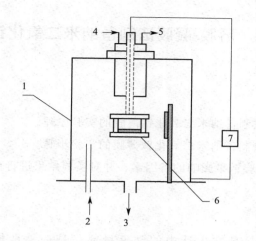

图 1-3　直流等离子体法沉积类金刚石薄膜制备设备

1—真空室；2—进气通孔；3—抽气口；4—冷却水进口；5—冷却水出口；
6—阴极（或阳极）样品台；7—电极电源

（5）接通放电电源，慢慢升高电压。阴极附近产生辉光放电，随着电压的升高，辉光放电越来越亮。待稳定后，再继续升高电压至 600～900V。

（6）通入 CH_4，流量为 14sccm（显示流量为 20sccm，甲烷质量流量计系数为 0.7）时，开始类金刚石沉积。此时，电压不变，电流可能有少许下降。

（7）沉积时间为 0.5～1h。镀膜结束后，首先关闭 CH_4 气体，然后将放电电压降为"0"，关闭放电电源。30min 后先后关闭氢气质量流量计、氢气净化器及气体钢瓶、真空泵、冷却水。

（8）打开放气阀，然后打开镀膜室，取出镀膜样品，进行观察与测试。关闭镀膜室，抽真空以保护真空状态。关闭真空泵，关闭总电源。镀膜结束。

五、思考题

（1）类金刚石薄膜有哪些特点和应用？

（2）类金刚石薄膜有哪些制备方法？

（3）真空设备的操作应注意哪些问题？

（4）直流等离子体镀膜的方法制备类金刚石薄膜的原理是什么？

参 考 文 献

[1] 李巧梅，罗北平，黄锋，许友，余红霞．液相等离子体电沉积制备类金刚石薄膜．电镀与涂饰，2013，32（10）：1-4.

[2] 董艳霞，陈亚芍，赵丽芳．类金刚石薄膜的制备及其血液相容性的初步研究．现代生物医学进展，2007，7（2）：211-214.

（于庆先）

实验 11 溶胶-凝胶法制备纳米二氧化钛薄膜

一、实验目的

(1) 了解溶胶-凝胶法制备纳米二氧化钛薄膜的实验原理。

(2) 掌握溶胶-凝胶法制备纳米二氧化钛薄膜的实验步骤。

(3) 了解实验中对实验结果影响的各因素，并对实验结果进行分析。

二、实验原理

二氧化钛（TiO_2）是日常生活中的常见材料，是一种性能优异、用于净化环境的光催化材料。作为一种重要的半导体材料，其成本低廉、无公害且极其稳定。其禁带宽度为 $3.2eV$，可吸收波长小于 $387.5nm$ 的紫外光；而受到激发时，产生自由电子和空穴，可用来光催化降解许多有害的有机污染物。在实际生活和工作空间场合，通过在居室、办公室等场合以及在窗户玻璃、陶瓷等建材表面涂覆 TiO_2 光催化薄膜，或在空间内安放 TiO_2 光催化设备均可有效降解甲醛、甲苯等有机物，净化室内空气。TiO_2 光催化剂还可用于石油和化工等产业的工业废气处理，改善厂区周围空气质量。

溶胶-凝胶法制备纳米 TiO_2 是利用易水解的金属醇盐或无机盐，在乙醇溶剂中与水发生反应，通过水解缩聚形成溶胶，将溶胶用浸渍或者旋转涂膜法在基底上制备一层 TiO_2 膜。该方法制备 TiO_2 膜有三个关键环节：溶胶制备；凝胶形成；凝胶层向 TiO_2 薄膜的转化。该方法具有合成温度低、纯度高、均匀性好、化学成分稳定、易于掺杂、可大面积制膜、工艺简单等优点，特别是通过液相化学途径，在制备材料初期，便于精确控制材料组分达到设计的化学配比，实现材料组分的均匀性达到纳米级，甚至分子级水平。通过液相过程，还可实现其他工艺无法达到的多组分材料，如复合材料等。

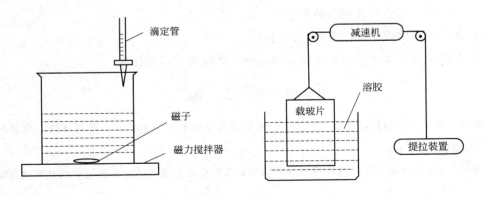

图 1-4 反应装置图及提拉成膜装置

本实验以 Ti$(OC_4H_9)_4$（钛酸四丁酯，TBOT）、H_2O、二乙醇胺等为原料，采用溶胶-凝胶法和浸渍提拉法制备纳米 TiO_2 薄膜，反应装置及提拉成膜装置如图 1-4 所示。

钛酸四丁酯的水解和缩聚反应如下：

水解： $Ti(OC_4H_9)_4 + nH_2O \longrightarrow Ti(OC_4H_9)_{4-n}(OH)_n + nHOC_4H_9$

缩聚： $2Ti(OC_4H_9)_{4-n}(OH)_n \longrightarrow [Ti(OC_4H_9)_{4-n}(OH)_{n-1}]_2O + H_2O$

用 TBOT 制取纳米 TiO_2 时，由于其黏度较大，水解速率极快，故加入一定比例的乙醇水溶液起分散作用，并加入一定量的 DMF（二甲基甲酰胺）作为抑制剂延缓其水解速率，防止局部沉淀而形成团聚体。

三、实验用品

（1）实验仪器：拉膜机、恒温玻璃水浴、磁力搅拌器、干燥箱、马弗炉、电子天平、烧杯、量筒、移液管、超声波清洗器。

（2）实验用品（试剂）：钛酸四丁酯（TBOT）、无水乙醇、二乙醇胺（DEA）、N,N'-二甲基甲酰胺（DMF）、去离子水。

四、实验步骤

（1）将钛酸四丁酯（3.4g）溶于乙醇溶剂（23mL）（二者的摩尔比为 1∶40），再加入 1mL 二乙醇胺（与钛酸四丁酯相同摩尔配比），室温下用磁力搅拌器搅拌 0.5h。

（2）混合均匀后，再加入水和无水乙醇体积比为 1∶9 乙醇水溶液（0.1mL 水，0.9mL 乙醇）（其中钛酸丁酯与水的摩尔比为 1∶0.5），反应 1.5h。

（3）最后加入抑制剂 0.25mL DMF（用量为钛酸丁酯物质的量的 30%），得到稳定、均匀、透明的浅黄色溶胶，陈化 24h，即可用于镀膜。

（4）把经过洁净处理的载玻片缓慢匀速地浸入上述配好的溶胶中，静止 2min 后，以一定速度缓慢向上提拉载玻片，然后在空气中晾置 5min。

（5）将提拉好的载玻片放入烘箱中，温度设置为 100℃，干燥 5min，在无尘空气中冷却 5min，重复上述操作可制备多层薄膜。

（6）放入马弗炉中，设置温度为 100℃，保温 30min，然后以 3℃/min 的速度缓慢升温至 500℃。保温 1h，在炉内自然冷却至室温即可得到锐钛矿相纳米 TiO_2 薄膜。

（7）将所制备的薄膜进行紫外-可见光谱的分析表征。

五、思考题

（1）不同乙醇用量对胶体有何影响？

（2）不同加水方式和用量对产物有何影响？

（3）反应温度和煅烧温度对产物有何影响？

参 考 文 献

［1］ 陈南春，韦翠美．溶胶-凝胶法制备纳米 TiO_2 薄膜．稀有金属材料与工程，2007，36（s1）：973-976.

［2］ 万晔，杨龙刚，于欢．溶胶凝胶法制备纳米 TiO_2 薄膜及其性能的研究．沈阳建筑大学学报（自然科学版），2009，25（1）：139-142.

（李斌）

第二章 ▶▶▶

材料成型与加工实验

实验 12　金相显微试样的制备

一、实验目的

掌握金相显微试样制备的基本方法。

二、实验原理

金相制样也称为磨金相，就是将金属的粗样品经过粗磨、细磨、抛光、腐蚀等数道工序制成合格的样品，从而可以在显微镜下观察到金属相图的过程。磨金相是材料研究中的一种重要操作工艺。经过磨金相处理后的材料，可将其表面的不平整、氧化现象或是其他杂质予以去除。当试样表面达到光滑、平整的合格标准后，再以特殊腐蚀液进行表面腐蚀；根据利用材料各组织对腐蚀液的受腐蚀程度不同，会表现出来的不同特征组织特性，从而来了解材料内部缺陷及微结构。

常用化学腐蚀方法包括浸蚀法、滴蚀法、擦蚀法，如图 2-1 所示。

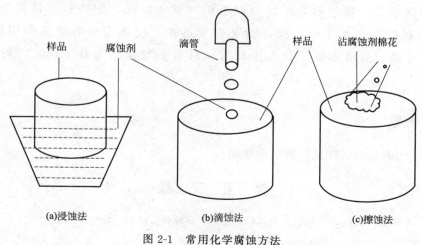

(a)浸蚀法　　　　(b)滴蚀法　　　　(c)擦蚀法

图 2-1　常用化学腐蚀方法

三、实验用品

抛光机、金相砂纸、碳钢试样。

抛光液：一般材料采用 Cr_2O_3 绿粉、帆布粗抛光即可。

乙醇、腐蚀液、吹风机、药棉、滴管等；金相显微镜。

四、实验步骤

（1）取样：碳钢，金相试样的尺寸。

（2）镶嵌：当试样尺寸太小时，需要使用试样夹或用样品镶嵌机，把试样镶嵌在低熔点合金或塑料中。金相试样的镶嵌方法包括：机械镶嵌；低熔点合金镶嵌；塑料镶嵌。

（3）磨制：试样的磨制一般分为粗磨和细磨两道工序。

① 粗磨。粗磨的目的是为了获得一个平整的表面。

② 细磨是利用一套粗细程度不同的金相砂纸，由粗到细依次顺序进行的。将砂纸放在玻璃板上，手指紧握试样并使磨面朝下，均匀用力向前推行磨制。在回程时，应提起试样不与砂纸接触，以保证磨面平整而不产生弧度。在一套不同粒度的砂纸上磨制，当由粗到细更换砂纸时，磨痕方向与上道垂直且砂粒勿带入下道，直到将上一道所产生的磨痕全部消除为止。

（4）抛光：抛光的目的是去除细磨时遗留下来的细磨痕，获得光亮的镜面。操作时将试样磨面均匀、平整地压在旋转的抛光盘上，并沿着盘的半径方向从中心到边缘作往复移动；抛光时在抛光盘上不断滴注抛光液，压力不宜过大，抛光时间也不宜过长，一般约 3～5min。当磨痕全部消除而呈现镜面时，停止抛光。

（5）腐蚀：如果把抛光后的试样直接放在显微镜下观察时，只能看到一片亮光，无法有效地辨别出各种组成物的形态特征。因此，必须使用浸蚀剂对试样表面进行"浸蚀"，才能清楚、有效地显示出显微组织的真实情况；钢铁材料最常用的浸蚀剂为 3％～4％硝酸与乙醇溶液；操作时动作要迅速，浸蚀完毕后要立即用清水冲洗，随后用乙醇冲洗，最后用吹风机吹干即可；只有手与样品充分干燥，方可在显微镜下观察分析。

五、思考题

画出观察到的金相试样显微组织示意图。

参 考 文 献

[1] 陈洪玉. 金相显微分析. 哈尔滨：哈尔滨工业大学出版社，2013.

（王桂雪）

实验 13 钢的热处理实验

一、实验目的

（1）通过本实验，使学生加深对钢热处理原理、工艺、组织与性能关系的理解。
（2）熟悉常用热处理设备及仪器的使用方法。
（3）提高学生的热处理实践能力。

二、实验原理

热处理的主要目的是改变钢的微观组织结构，从而改变其性能，其中包括使用性能及工艺性能。钢的热处理工艺是指将钢加热到一定温度后，经一定时间保温，然后在某种介质中以一定速度冷却下来，通过这样的热处理工艺过程能使钢的使用性能发生改变。热处理之所以能使钢的使用性能发生显著变化，主要原因是由于钢的内部组织结构在热处理过程中可以发生一系列变化。采用不同的热处理工艺过程，将会得到不同的组织结构，从而获得所需要的使用性能。

钢的热处理基本工艺方法包括退火、正火、淬火和回火等。

三、实验用品

热处理加热炉；洛氏硬度计；零件（45 号钢）。
热处理介质：空气、水、10 ％NaCl 溶液、机油、亚硝酸盐等。

四、实验步骤

（1）钢的退火
① 将 45 号钢试样加热至 $AC_3 +$(30～50)℃，保温 20min，炉冷至 300℃，空冷。
② 测量试样的硬度。
（2）钢的正火
① 将 45 号钢试样加热至 $AC_3 +$(30～50)℃，保温 20min，空冷。
② 测量试样的硬度。
（3）钢的淬火
① 将 3 个 45 号钢试样加热至 $AC_3 +$(30～50)℃，保温 20min，盐水冷、水冷、油冷。
② 测量试样的硬度。
（4）淬火后的回火
① 将 3 个 45 号钢试样加热至 $AC_3 +$(30～50)℃，保温 20min，水冷；然后分别在 200℃、350℃、600℃回火。
② 测量试样的硬度。

（5）钢的等温淬火

① 将 45 号钢试样加热至 $AC_3 + (30 \sim 50)$℃，保温 20min，迅速移至 350℃硝盐浴中保温。

② 测量试样的硬度。

（6）钢的亚温淬火

① 将 45 号钢试样加热至 AC_3 以下 30~50℃，保温 20min，水冷。

② 测量试样的硬度。

（7）钢的过温淬火

① 将 45 钢试样加热至 $AC_3 + 200$℃，保温 20min，水冷。

② 测量试样的硬度。

（8）实验报告

实验报告要求包括：实验目的；钢的热处理原理；实验过程；实验结果；实验结果分析。实验报告见表 2-1。

表 2-1　实验报告

钢号	炉温	试样编号	冷却方式	处理后硬度	处理前硬度
45	830℃	45-01（退火）	炉冷至 650℃,空冷		
		45-02（正火）	空冷		
		45-03（淬火）	水冷		
		45-04（淬火）	油冷		
		45-05（淬火）	盐水冷		

五、思考题

（1）钢的退火组织与正火组织有何不同？

（2）淬火条件的改变对钢的性能的影响？

（3）回火温度对钢组织有何影响？

参 考 文 献

[1] 陈友伟，高莉莉. 金属材料与热处理. 镇江：江苏大学出版社，2014.
[2] 丁仁亮. 金属材料及热处理（第 4 版）. 北京：机械工业出版社，2009.

（王桂雪）

实验 14　金属材料的电阻点焊实验

一、实验目的

（1）掌握电阻点焊的原理与主要特点。

（2）了解电阻点焊机的类型与结构。

（3）学会使用电阻点焊机，焊接一种典型接头。

二、实验原理

（1）原理。电阻点焊是指将焊件装配成搭接接头并压紧在两电极之间，利用电阻热熔化母材金属形成焊点的电阻焊方法，即利用低电压、高强度的电流流过，夹紧在一起的两块金属板时产生大量电阻热，用焊枪电极的挤压力把金属工件融合在一起。电阻点焊的原理图及典型接头如图 2-2 所示。

点焊通常分为双面点焊和单面点焊两大类。

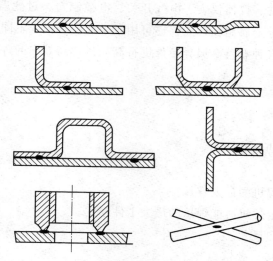

图 2-2　电阻点焊的原理图及典型接头

电阻点焊的三个主要参数如下。

① 电极压力。两个金属件之间的焊接机械强度与焊枪电极施加在金属板上的力有直接关系。

② 焊接电流。给金属板加压后，一股很强的电流流过焊枪电极，然后流入金属板件，在金属板的接合处电阻值最大，电阻热温度迅速上升。

③ 加压时间。保证接头在熔合的前提下，为避免晶粒长大，时间不宜过长。

（2）电阻点焊的特点

① 焊接成本比气体保护焊等低。

② 没有焊丝、焊条、火、气体等消耗。

③ 焊接过程中不产生烟火、蒸汽。

④ 焊接时不需要去除板件上的镀层。

⑤ 焊接接头外观平整、美观。

（3）焊接过程及注意事项

① 焊接过程。焊件置于两电极之间，踩下脚踏板并使上电极与焊件接触并加压，在继

续压下脚踏板时，电源触头开关接通，于是变压器开始工作，次级回路通电使焊件加热。当焊接一定时间后松开脚踏板时电极上升，借弹簧的拉力先切断电源而后恢复原状，单点焊接过程即告结束。

② 注意事项

● 点焊分流现象。焊接新焊点时，有一部分电流会流经已焊好的焊点，使焊接电流发生变化，影响点焊质量。

● 点距为两相邻焊点间的中心距。焊件厚度越大，导电性越强，点距要越大。

● 安全。要防止触电和烫伤。

电阻点焊广泛用于金属箱柜制造、建筑机械、汽车零部件、自行车零部件、异形标准件、工艺品、电子元器件、仪器仪表、电气开关、电缆制造、过滤器、消声器、金属包装、化工容器、丝网、网筐等金属制品行业；还可用于中低碳钢板、不同厚度的金属板材、小直径线材、钢板与工件及各种有色金属异形件进行高质量、高效率的焊接。点焊工件常用厚度范围是 0.05～6mm。

三、实验用品

实验设备：DN-16 点焊机 1 台。

主要技术参数如下。

● 功率。功率决定焊机的最大容量。

● 额定焊接厚度决定焊机所能焊接的最大工件厚度。

● 电极的端面形状和尺寸。

实验材料：不锈钢板、碳钢板等。

四、实验步骤

(1) 工件表面清理，以保证接头质量稳定；本实验中将焊件表面擦拭干净，去除焊件表面的锈迹、油污、尘土和水汽等即可。

(2) 将焊件装配成搭接接头，确定焊接位置和点距。

(3) 根据工件的材料和厚度，电极的端面形状和尺寸，通过实验，确定电极压力和焊接时间并做相应电流设定。

(4) 踏下踏板将焊件压紧在两电极之间并保持一定时间。

(5) 更换焊接位置或更换焊件。

五、思考题

阐明电阻点焊的原理与焊接操作要领。

参 考 文 献

[1] 那顺桑. 金属材料工程专业实验教程. 北京：冶金工业出版社，2004.

[2]　张皖菊，李殿凯. 金属材料学实验. 合肥：合肥工业大学出版社，2013.

（李成栋）

实验 15　金属粉末冷等静压成型实验

一、实验目的

（1）掌握冷等静压工艺的基本过程与技术要点。

（2）了解冷等静压机的结构及相应作用。

（3）掌握工艺参数的设定方法。

二、实验原理

（1）冷等静压是将加入密封、弹性模具中的粉末施加一定压力加压压缩的过程。首先将模具置于盛装液体或气体的容器中，利用液体或气体对模具施加一定压力，使高压均匀作用于模具的各个表面并保持一定时间，将物料压制成坯体；然后释放压力，将模具从容器内取出，脱模并根据需要将坯体进行进一步的整型处理。冷等静压的应用包括耐火材料工业的喷嘴、模块和坩埚、硬质合金、石墨件、陶瓷绝缘子以及化工工业用的管道、铁氧体、金属过滤器、部件预成型和塑料管、棒等。

（2）冷等静压机的分类。冷等静压机按成型方法可分为以下两种：湿袋法和干袋法冷等静压机。

① 湿袋法冷等静压机。由弹性模具、高压容器、顶盖、框架和液压系统等组成。此法将模具悬浮在液体内，又称浮动模法。在高压容器内可以同时放入几个模具。

② 干袋法冷等静压机。由压力冲头、高压容器、弹性模具、限位器、顶砖器和液压系统等组成。此法将弹性模具固定在高压容器内，用限位器定位，故又称为固定模法。

（3）冷等静压机的组成。实验采用湿袋法冷等静压机，主要组成的作用分别介绍如下。

① 弹性模具。使用橡胶或树脂材料制成。在实验过程中，物料颗粒大小和形状对弹性模具寿命有较大影响。因此，模具设计是等静压成型的关键，因为坯体尺寸的精度和致密均匀性与模具密切相关。在将物料装入模具中的时候，由于模具棱角处不易被物料所填充，可以采用振动装料，或者边振动，边抽真空，效果会更好。

② 缸体。指能承受高压的容器。一般有两种结构形式：一种是由两层筒体热装构成，内筒呈受压状态，外筒呈受拉状态，这种结构只适用于中小型等静压成型设备；另一种是利用钢丝预应力缠绕结构，用机械性能良好的高强度合金钢制作芯筒体，然后用高强度钢丝按预应力要求，缠绕在芯筒外面，形成一定厚度的钢丝层，导致芯筒承受很大的压应力。即使在工作条件下，也不承受拉应力或很小的拉应力，此种容器抗疲劳寿命很高，可以制成直径较大的容器。容器的上塞和下塞都是可以活动的，在加压时，上、下塞将力传递到机架上。

③ 顶盖。模具的进出口，主要起到密封作用。

④ 框架。有两种结构形式：一种为叠板式结构，采用中强度钢板叠合构成；另一种为缠绕式框架结构，由两个半圆形梁及两根立柱拼合后，用高强度钢丝预应力缠绕构成。这种结构受力合理，具有较高的抗疲劳强度，工作时安全可靠。

⑤ 液压系统。由低压泵、高压泵和增压器以及各式阀等组成。刚开始工作时，由流量较大的低压泵供油，达到一定压力后，再由高压泵供油。如果压力再高，则由增压器提高油的压力。工作介质可以是水或油。湿袋式冷等静压成型装置示意如图 2-3 所示。

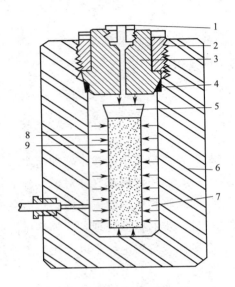

图 2-3　湿袋式冷等静压成型装置示意

1—排气塞；2—压紧螺帽；3—密封塞；4—金属密封圈；5—橡皮塞；

6—压力容器；7—高压液体压力方向；8—弹性模；9—粉末

三、实验用品

(1) 实验设备：LDJ100/320-400 型冷等静压机 1 台。

(2) 主要技术参数：额定工作压力 400MPa；容器内径 100mm；额定承载力 3.2MN；容器有效高度 320mm。

(3) 实验材料：铜粉、铝粉等。

四、实验步骤

(1) 将一定量的金属粉末装入模具中，振实后将模具密封。

(2) 设定冷等静压工艺参数：压力×保压时间，如 100MPa×5min。

(3) 将模具装入压力容器，进行冷等静压成型。

(4) 取出压制好的金属坯，并进行观察。

五、思考题

阐明冷等静压成型原理与技术特点。

参 考 文 献

[1] 孙雪坤，沈以赴，金琪泰．金属粉末冷等静压下致密化过程的分析．中国有色金属学报，1998，(s1)：137-1403．

[2] 张皖菊，李殿凯．金属材料学实验．合肥：合肥工业大学出版社，2013．

（李成栋）

实验 16　高速捏合工艺

一、实验目的

（1）了解高速捏合机的结构和工作原理。

（2）掌握高速捏合机的操作步骤和使用方法。

二、实验原理

将各种配合剂与主料充分混合均匀，在设备不同转速条件下，使主料充分吸收增塑剂等液体小分子，便于下一道工序的操作。

捏合工艺操作的好坏直接会影响挤出造粒工艺的质量。各种配合剂、填料是否能分布均匀，最终将影响产品的质量。捏合工艺是高分子材料成型加工中重要的一环。高速捏合机的结构及混合原理如下。

（1）高速捏合机的结构。目前应用最广泛、混合效果最好的间歇式混合设备是高速捏合机。高速捏合机由混合锅、搅拌桨、折流板、排料装置、驱动装置、传感器及控制系统等组成。根据加热方式和介质，可分为电加热、油加热和蒸汽加热三种。排料口可用气动控制开、闭料门，也可采用手动方式操作。

（2）高速捏合机的工作原理。高速捏合机属于粉料的混合设备。其工作原理是：设备开启后，高速旋转的搅拌桨借助呈一定倾斜角度的表面，与捏合机中的物料之间产生摩擦力，并使得物料粒子沿桨面的切向方向进行运动。由于离心力的作用，物料粒子先被抛向混合室的内壁，并继续沿混合器内壁的表面进行上升。当物料上升到一定高度之后，由于重力作用，物料粒子发生自由落体，又落回搅拌桨叶的表面，但是接着又会被抛起。这种上升运动与切向运动的结合，使得处于捏合机中的物料粒子实际上一直处于连续的螺旋式的激烈运动状态。由于搅拌桨叶的转速是很高的，物料粒子的运动速度也很快，快速运动的物料之间发生激烈的相互碰撞、摩擦，使得物料粒子或凝聚在一起的团块被迅速破碎并混合均匀；同时激烈的摩擦生热使得物料的温度也相应升高，这有利于树脂对各种助剂的吸附。混合室内的折流板面呈流线型，其高度和角度可调，可以使螺旋运动的物料流动状态被搅乱，使物料呈无规运动，并在折流板附近形成强烈的旋涡，增强混合效果，并使得各组分形成均匀分散的粉、粒状聚合物混合体；另外，折流板内的热电偶可实现对料温的控制。

三、实验用品

PVC；SBS；PS；高速捏合机。

四、实验步骤

(1) 拟定配方。制品的硬度在 65～85 左右。

① 质量份数：PVC　100；三盐　2.0；二盐　1.0；Pbst（硬脂酸铅）　0.8；DOP　20；$CaCO_3$　30；Hst（硬脂酸）　0.5；石蜡　0.5。

② 质量份数：SBS　100；LDPE　5；PS　20；环烷油　25；Hst（硬脂酸）　0.5；抗氧剂　1010　0.5；$CaCO_3$　30。

(2) 捏合

按配方称取树脂及助剂。将干粉料（除稳定剂和着色剂以外）加入高速混合机内，先慢速挡捏合 2min，再将稳定剂和着色剂与部分增塑剂配成浆料，最好经过研磨后加入混合机内，盖好盖子后，在 1500r/min 转速下，把预热到 90℃的增塑剂通过加料孔加入到混合机内，共混合 10min，通过观察窗观察材料分散是否均匀，然后用慢速排料。

清理设备，打扫现场。

(3) 安全注意事项

设备先从低速到高速再到低速！设备运转过程中切不可打开顶盖观察！加入料后，顶盖应上紧。

增塑剂必须被充分吸收，温度适当，填料分布均匀并包覆在主料的表面。

五、思考题

(1) 设备为什么必须先低速再高速？

(2) 温度太低和太高对捏合工艺有何影响？

(3) 为什么要充分吸收增塑剂后，再添加填料？

参 考 文 献

[1] 周达飞，唐颂超. 高分子材料成型加工. 北京：中国轻工业出版社，2005.

（叶林忠）

实验 17　橡胶配合与开炼机混炼工艺

一、实验目的

橡胶配合与混炼工艺实验的主要内容是根据实验配方，准确称量生胶及各种配合剂的用量，将配合剂与生胶混合均匀并达到一定的分散度，制备出符合性能要求的混炼胶。该实验的目的是使学生熟悉并掌握橡胶的配合方法，熟练掌握开炼机混炼的操作方法及加料顺序，了解开炼机混炼的工艺条件及影响因素，培养学生独立进行混炼操作的能力。

二、实验原理

双辊筒开炼机主要由机座、温控系统、前后辊筒、紧急刹车装置、挡胶板及调节辊距大小的手轮、电机等部件组成。

开炼机混炼的工作原理是：开炼机上的两个平行排列的中空辊筒，以不同线速度进行相对回转，当在辊筒之间加入橡胶以胶料包裹辊筒后，在辊筒间隙的上方会留有一定量的堆积橡胶，堆积胶拥挤并由此产生很多缝隙。当加入配合剂之后，配合剂的颗粒会进入到胶料的缝隙中并被橡胶紧紧包住，并形成配合剂的团块。随着辊筒的转动，当橡胶胶料一起通过辊距的时候，由于两个辊筒线速度的差异而产生了速度梯度，并由此形成强大的剪切力，橡胶的大分子链在剪切力作用下会被拉伸发生伸展并由此产生弹性变形。与此同时，配合剂的团块也会在强大剪切力的作用下而被破碎成较小团块，当胶料通过辊距后，由于流道突然变宽，处于拉伸状态的橡胶分子链重新恢复到卷曲状态并将破碎的配合剂团块包住，使得配合剂团块稳定在破碎的状态；但是配合剂团块已经变小。当胶料再次通过辊距时，在剪切力的作用下，配合剂的物料团块会进一步减小，当胶料多次通过辊距后，配合剂逐渐在胶料中得以分散开。在混炼操作中，采取左右割刀、薄通、打三角包等翻胶的工艺操作，配合剂会在胶料中进一步实现分布均匀，从而可以制备出配合剂分散均匀并且达到一定分散度的混炼胶。

三、实验用品

双辊筒开炼机。

四、实验步骤

① 根据实验配方，准确称量生胶和除液体软化剂以外的各种配合剂的量，观察生胶和各种配合剂的颜色与形态。

② 检查开炼机辊筒及接料盘上有无杂物，如有杂物，需清除。

③ 开动机器，检查设备运转是否正常，通热水预热辊筒至规定温度（由胶种确定）。

④ 将辊距调至规定大小（根据炼胶量确定），调整并固定好挡胶板的位置。

⑤ 将已经塑炼好的生胶，沿着辊筒的一侧放入开炼机的辊筒缝隙中，采用捣胶、打卷、打三角包等方法，使得胶料均匀连续地包裹于前辊的辊筒表面，并在辊距的上方留有适量的堆积胶；之后，经过 2～3min 的辊压和翻炼，形成表面光滑且无隙的包辊胶。

⑥ 按照下列的加料顺序，依次沿着辊筒的轴线方向，均匀地加入各种橡胶配合剂，每次加料之后，待其全部被吃进去后，左右 3/4 割刀各两次，两次割刀间隔控制在 20s。

加料顺序：小料（固体软化剂、活化剂、促进剂、防老剂、防焦剂等）→大料（炭黑、填充剂等）→液体软化剂→硫黄和超速级促进剂。

⑦ 割断并从开炼机上取下已经混炼好的胶料，然后将辊筒的间距调整到 0.5mm，加入混炼胶的胶料进行薄通，打三角包，薄通次数为 5 次。

⑧ 根据试样的具体要求，将混炼胶的胶料压成所需要的厚度，下片称量质量并放置于平整、干燥的存胶板上（记录压延方向、配方编号），等待使用。

⑨ 关机，清洗机台。

影响开炼机混炼效果的因素很多，主要包括胶料的包辊性、装胶的容量、辊筒的温度、辊筒的间距、辊筒的转速比加料的顺序、加料的方式及混炼的时间等因素，具体如下。

（1）胶料的包辊性。胶料的包辊性能好坏会直接影响混炼时的吃粉快慢以及配合剂分散情况。如果胶料的包辊性太差，甚至会导致无法进行混炼的操作。胶料的包辊性能与生胶的性质（如格林强度、断裂拉伸比、最大松弛时间等）、辊筒的温度和剪切速率等因素密切相关。

通常来说，对于格林强度高、断裂拉伸比大、最大松弛时间长的生胶，其包辊性能是比较好的，例如 NR 橡胶；反之，对于格林强度低、断裂拉伸比小、最大松弛时间短的生胶，其包辊性能是比较差的，如 BR 橡胶。另一方面，影响生胶格林强度、断裂拉伸比及松弛时间的因素，也同样会影响到生胶的包辊性。例如，在 BR 橡胶中加入补强剂，可明显提高胶料的格林强度，增大其松弛时间，因而会明显改善 BR 橡胶的包辊性；当在胶料中过多加入的液体软化剂，此时会明显降低橡胶的格林强度并缩短其松弛时间，此时胶料包辊性会变差，甚至会发生脱辊现象。

当辊筒的温度在胶料的玻璃化转变温度（T_g）以下时，此时胶料处于玻璃态，是无法包辊的；当辊筒的温度在黏流温度（T_f）以上时，此时胶料处于黏流态，胶料会发生黏辊的现象，此时也不能进行混炼的工艺操作；只有当辊筒温度在 $T_g \sim T_f$ 之间的某一温度范围内，此时胶料才具有良好的包辊性，适于进行混炼的操作。另外，采取减小辊筒间距、增大辊筒的转速比或提高辊筒的转速等方法，均可以有效地提高混炼过程的剪切速率，可以提高胶料的断裂拉伸比、延长最大松弛时间，因而可以适当改善胶料的包辊性能。

（2）装胶容量。在混炼的过程，当装胶容量过大的时候，会增加辊筒间隙上方堆积的胶量，使得堆积胶在辊缝上方自行打转，并失去折纹夹粉的应有的作用，严重影响配合剂的吃入及其在胶料中的分散效果；如果延长混炼时间，胶料的物理性能会发生下降，而且显然会增大能耗，增加炼胶机的负荷，容易导致设备的损坏。反之，如果装胶量过少，此时辊筒间隙上面的堆积胶没有或太少，这时候，混炼过程中吃粉困难，生产效率太低。可见，当开炼机混炼时，装胶量一定要合适。可以根据经验，采用下列公式计算装胶容量：

$$Q = KDL\rho$$

式中　Q——装胶量，g；

　　　K——装料系数，K 取 $0.0065\sim0.0085\text{L/cm}^2$；

　　　D——辊筒直径，cm；

　　　L——辊筒工作部分的长度，cm；

　　　ρ——胶料的密度，g/cm^3。

需要注意的是：当炼胶量较少的时候，为了确保在辊距上方仍留有适量的堆积胶，这时候可通过调整挡胶板之间距离的方式来实现。

（3）辊距。胶料通过辊距的时候，所受到的剪切变形速率，与辊距、辊筒转速和速比这三个影响因素之间的关系为：

$$\dot{\gamma} = \frac{V_2}{e}(f-1)$$

式中　$\dot{\gamma}$——机械切变速率，s^{-1}；

　　　f——辊筒的速比，$f = V_1/V_2$；

　　　V_2——前辊筒表面旋转线速度，m/min；

　　　V_1——后辊筒表面旋转线速度，m/min；

　　　e——辊距，mm。

减小开炼机辊筒之间的间距，会导致剪切速率的增大，此时橡胶大分子链和配合剂的团块所受到的剪切力会相应增大，并由此导致配合剂团块容易被剪切破碎，这对于配合剂的分散是很有利的；但是，另一方面，如果剪切速率过大，会使得橡胶大分子链所受的剪切力过大，并由此导致大分子链的断裂机会相应增大，容易使大分子链过度断裂，造成过炼的不良现象，并使得最终胶料的物理力学性能发生不应有的降低。反过来看，如果辊筒的间距过大，此时胶料所受的剪切作用太小，配合剂不容易分散于胶料中，这就给混炼的工艺操作带来困难。因此，在开炼机混炼的时候，辊筒间距一定要慎重选择。合适的辊距大小与装胶量有关，具体可参考表 2-2。需要指出的是：当天然橡胶与合成橡胶并用的时候，如果并用比例相等，此时总胶量可以按天然胶来确定辊距；但是如果合成胶大于天然胶比例时，此时的总胶量则需按合成橡胶来确定辊距。

表 2-2　辊距大小与装胶量之间的关系

胶量/g	300	500	700	1000	1200
天然胶/mm	1.4 ± 0.2	2.2 ± 0.2	3.8 ± 0.2	3.8 ± 0.2	4.3 ± 0.2
合成胶/mm	1.1 ± 0.2	1.8 ± 0.2	2.0 ± 0.2		

（4）速比与辊速。增大辊筒的转速比和辊筒的转速，对混炼效果的影响与减小辊距的规律是一致的，均会加快配合剂在胶料中的分散，但同时也对橡胶大分子链的剪切加剧，容易导致过炼，使胶料物理性能降低，同时摩擦生热使胶料的升温加快；但是如果转速比过小，配合剂不易分散，生产效率较低。通常来说，开炼机混炼的辊筒速比一般要控制在 $1.15\sim1.27$ 的范围内。

（5）辊温。随开炼机辊筒温度的升高，胶料大分子链的运动加剧，胶料体系的黏度会发生显著降低，此时虽然有利于胶料在固体配合剂表面的湿润，使得吃粉加快；但是，此时配合剂团块在柔软的胶料中所受到的剪切作用会减弱，使得配合剂的团块不容易被剪切破碎，反而不利于配合剂在胶料中的分散，同时结合橡胶的生成量也会相应减少。可见，开炼机混炼时，其辊筒温度的设定一定要合适。由于辊筒温度对不同胶料包辊性的影响是不同的，因此对于不同胶料，其混炼时的辊筒温度也应有所不同。通常来说，NR 橡胶包热辊，前辊的温度就要高于后辊；但是，大多数合成橡胶却包冷辊，前辊的温度就要低于后辊的温度。常用橡胶开炼机混炼时的辊温见表 2-3。

表 2-3　常用橡胶开炼机混炼时的辊温

胶种	辊温/℃		胶种	辊温/℃	
	前辊	后辊		前辊	后辊
天然胶	55～60	50～55	顺丁胶	40～60	40～60
丁苯胶	45～50	50～55	三元乙丙胶	60～75	85 左右
氯丁胶	35～45	40～50	氯磺化聚乙烯	40～70	40～70
丁基胶	40～45	55～60	氟橡胶	77～87	77～87
丁腈胶	≤40	≤45	丙烯酸酯橡胶	40～55	30～50

（6）加料顺序。在混炼的时候，如果加料顺序不当，轻则会导致配合剂在胶料中分散不均，重则会导致胶料发生焦烧、脱辊或过炼问题。因此，混炼操作中的加料顺序是决定混炼胶质量的重要因素之一，混炼中的加料必须有一个合理顺序。通常来说，混炼中加料的顺序要遵循用量小、作用大、难分散的配合剂先加，而用量多、易分散的配合剂后加，对温度敏感的配合剂要后加，硫化剂与促进剂要分开加的基本原则。用开炼机混炼时，首先要加入生胶、再生胶、母炼胶等进行包辊。如果配方中有固体软化剂，例如石蜡等，可以在胶料包辊以后再加入，之后再加小料，如：活化剂（氧化锌、硬脂酸）、促进剂、防老剂、防焦剂等；再次才能加炭黑、填充剂，等到炭黑和填充剂加完后，再加液体软化剂。另外，在炭黑和液体软化剂的用量均较大的时候，这两者可以交替进行加入，最后再加入硫化剂。此外，如果配方中还有超速促进剂，应在混炼的后期和硫化剂一起加入。

需要特别指出的是：配方中如有白炭黑，由于白炭黑的表面吸附性很强，白炭黑的粒子之间容易形成氢键且难以分散。因此，对于白炭黑，应在小料之前加入，而且要分批进行加入。另外，对于 NBR 橡胶，由于硫黄与其相容性差，难以分散，因此要在小料之前加，并且将小料中的促进剂放到最后加入。

（7）加料方式。在橡胶的混炼过程中，配合剂的加料方式不同，也会影响混炼过程中的吃粉速度和配合剂的分散效果。如果在加料过程中，将配合剂连续添加在某一固定位置，但是其他部位的胶料不吃粉，这就相当于减少吃粉的面积，使得吃粉时间延长，吃粉速度则相对较慢，配合剂由吃入的位置分散到其他地方所需要的时间就要相对延长。因此，这样做就不利于配合剂在胶料中的分散。在加料的时候，要尽量使配合剂粉体沿着辊筒的轴线方向，均匀地撒在堆积胶上，并使得堆积胶的上面都覆盖有一层配合剂，这样才能够缩短吃粉时间，同时有利于配合剂在胶料中的分散。可以适当缩短混炼时间，并且对橡胶大分子链的剪切和破坏作用较小。

五、思考题

(1) 影响混炼效果的因素有哪些？

(2) 混炼过程中的加料次序是什么？

(3) 采用双辊开炼机混炼，包含哪些主要的工艺操作？

参 考 文 献

[1] 杨清芝. 实用橡胶工艺学. 北京：化学工业出版社，2005.

[2] 周达飞，唐颂超. 高分子材料成型加工. 北京：中国轻工业出版社，2005.

（王兆波、叶林忠）

实验 18　橡胶的硫化工艺

一、实验目的

(1) 掌握橡胶硫化的本质和影响硫化工艺的因素。

(2) 掌握橡胶硫化条件的确定和具体实施方法。

(3) 了解平板硫化机的结构及具体的操作方法。

二、实验原理

橡胶硫化就是在一定温度、时间和压力下，将混炼胶中的线型大分子，通过化学反应成为交联结构，并最终形成三维网状结构的一个过程。通过硫化，橡胶的塑性大幅度降低，但是其弹性获得增加，抵抗外力变形的能力也大大增加，而且还提高其他物理和化学性能，并最终使橡胶成为具有实用价值的工程材料。

硫化工艺是橡胶制品加工的最后一个工序。硫化过程的好坏，将直接影响最终的硫化胶性能。因此，应该严格掌握好橡胶的硫化条件。

(1) 平板硫化机的两热板的加压面应相互平行。

(2) 平板硫化机的热板采用蒸汽加热或电加热。

(3) 在整个硫化过程中，在模具型腔面积上施加的压力应不低于 3.5MPa。

(4) 整个模具面积上的温度分布应该是均匀的；同一个热板内各点间及各点与中心点之间的温差，最大不应超过 1℃；相邻的二板间其对应位置点的温差不应超过 1℃；在热板中心处，其最大温差不应超过 ± 0.5℃。技术规格如下。

最大关闭压力：200t

柱塞的最大行程：250mm

平板面积：503mm×508mm

工作的层数：两层

总加热功率：27kW

三、实验用品

平板硫化机。

四、实验步骤

(1) 胶料的准备。混炼后的胶片，应该按照 GB/T 2941—2006 中的规定，停放 2～24h 之后，才可以进行裁片、硫化；具体裁片方法如下。

① 片状（拉力等试验用）或条状试样。用剪刀在胶料上进行裁片，注意试片的宽度方向应与胶料的压延方向要一致。胶料体积应该稍大于模具容积，胶料的质量可以用电子秤进行称量。胶坯质量可按照以下方法进行计算：

$$胶坯质量(g) = 模腔容积(cm^3) \times 胶料密度(g/cm^3) \times (1.05～1.10)$$

为了确保模压硫化的时候有充足胶量，胶料实际用量要在计算量的基础上，再增加 (5%～10%)。对于裁好后的胶坯，应在其边上贴好编号，并注明硫化条件纸标签。

② 圆柱试样。对于圆柱状试样，应取 2mm 左右的胶片，以试样高度（通常要略大于）为宽度，按压延的垂直方向裁成胶条，之后将其卷成圆柱体，并且柱体要卷得紧密，中间不能有间隙，并保证柱体的体积要稍小于模腔的体积。但是，其高度要高于模腔的高度。在柱体底面，要贴上编号及硫化条件纸标签。

③ 圆形试样。对于圆形样品应按照要求，将胶料裁成圆形胶片试样。如果胶片的厚度不够时，可以将胶片进行叠放，但是要使其体积稍大于模腔体积。在圆形试样底面要贴上编号及硫化条件纸标签。

(2) 按照硫化的具体要求，对硫化温度进行调节并且控制好平板温度，使之处于恒定状态。

(3) 将成型模具放在闭合平板上进行预热，至规定硫化温度±1℃范围之内，此时在该温度下保持 20min。对于连续硫化时，可以不再进行预热。硫化的时候，对于每层热板，仅允许放置一个成型模具。

(4) 硫化压力的控制和调节。在硫化机工作的时候，由泵提供硫化压力，硫化过程的压力可以由压力表进行指示，压力值的高低可用压力调节阀进行必要的调节。

(5) 将胶坯以尽可能快的速度放入预热好的模具内，然后立即合模，并将模具放置于平板中央，上下各层的硫化模型对正于同一方位后，就施加压力，使平板不断上升。当压力表指示到所需工作压力时，适当卸压排气约 3～4 次，然后使压力达到最大值，此时就开始计算硫化时间；当硫化到达预定时间后，立即泄压启模，并取出硫化后试样。

对于目前的新型平板硫化机，其合模、排气、硫化时间和启模均实现自动化控制。

(6) 硫化后的试样，要剪去胶边，在室温下停放 10h，之后才能进行性能测试。

对于已经确定配方的胶料而言，影响硫化胶质量的因素主要是硫化压力、硫化温度和硫化时间，这又称为硫化三要素。

① 硫化压力。在橡胶的硫化过程中，对胶料施加压力的目的在于使胶料可以在模腔内进行流动，并充满模腔内的沟槽（或花纹），防止出现气泡或缺胶等现象；施加压力还可以提高胶料的致密性，增强胶料与布层或金属之间的附着强度；还有助于提高胶料的物理力学性能（如拉伸性能、耐磨、抗屈挠、耐老化等）。对于硫化压力，通常要根据混炼胶的可塑性、试样的结构等具体情况来进行确定；如塑性大的，硫化压力宜小些；但是对于厚度大、层数多、结构复杂的样品，其硫化压力就应大些。

② 硫化温度。硫化温度直接影响硫化反应速率以及硫化质量。根据范德霍夫方程式可知：

$$t_1/t_2 = K^{\frac{T_2-T_1}{10}}$$

式中　T_1——温度为 t_1 时的硫化时间；

　　　T_2——温度为 t_2 时的硫化时间；

　　　K——硫化温度系数。

从上面的公式可看出：当 $K=2$ 时，温度每升高 10℃，硫化时间就可以减少一半，这说明硫化温度对硫化速率的影响还是十分明显的。也就是说，提高硫化温度，可以加快硫化速率。但是，如果硫化温度过高，则容易引起橡胶的大分子链发生裂解，从而产生硫化还原，并导致硫化橡胶物理力学性能的下降，因此硫化温度不宜过高。

适宜的硫化温度要根据胶料的具体配方而决定，其中主要取决于橡胶的种类和具体所采用的硫化体系。

③ 硫化时间。硫化时间是由胶料配方和硫化温度来共同决定的。对于给定的胶料而言，在一定的硫化温度和压力条件下，存在最适宜的硫化时间。硫化时间过长，硫化时间过短，都会影响产物硫化胶的性能。

适宜硫化时间的选择可以采用橡胶硫化仪进行测定。

五、思考题

（1）硫化过程的三要素是什么？

（2）采用平板硫化机进行硫化，主要操作包括哪些？

（3）模压成型时，对模具内混炼胶的装胶量有何要求？

参　考　文　献

[1]　杨清芝. 实用橡胶工艺学. 北京：化学工业出版社，2005.
[2]　周达飞，唐颂超. 高分子材料成型加工. 北京：中国轻工业出版社，2005.

（王兆波、叶林忠）

实验 19　热塑性塑料挤出工艺

一、实验目的

（1）了解和掌握双螺杆挤出机的基本结构、操作方法。

（2）掌握拉条、造粒的成型工艺和挤出产品质量的影响因素，并由此得到其他挤出产品。

二、实验原理

挤出成型在塑料制品的成型加工中占据很大比重，凡是制品截面形状一致的制品，均可采用挤出方法进行成型，如管材、棒材等型材，薄膜、板材、造粒等均可采用挤出成型的方式进行加工。根据制品和原料的要求不同，采用单螺杆挤出机或双螺杆挤出机并配置各种产品所需的机头和辅机即可。

双螺杆挤出机是挤出成型的一种方式，与所有的挤出成型有相似之处。

同向旋转双螺杆挤出机组由混炼部分（即双螺杆挤出机）、冷却部分以及切粒部分组成，同向旋转双螺杆挤出机和其他挤出设备一样，包括传动部分、挤压部分、加热冷却系统、电气与控制系统及机架等。由于双螺杆挤出机物料输送原理和单螺杆挤出机不同，通常还有定量加料装置。鉴于同向双螺杆挤出机主要用于塑料的填充、增强和共混改性，为适应所加物料的特点及操作需要，通常在料筒上都设有排气口及一个以上的加料口，同时把螺杆上承担输送、塑化、混合和混炼功能的螺纹制成可根据需要任意组合的块状元件，并像糖葫芦一样套装在芯轴上，也称为积木组合式螺杆，其整机也称为同向旋转积木组合式双螺杆挤出机。

三、实验用品

同向旋转双螺杆挤出机。

四、实验步骤

（1）根据材料确定挤出机各段的加工温度。当设定温度与实际温度一致时，需要保温 $10\sim20min$ 或用手去转动螺杆，如能转动则表明设定温度和料筒内温度已一致，料筒内残余物料也已熔融。

（2）检查各部分的运转情况如正常则准备开机。

（3）开机步骤

● 首先设定主机和喂料电机的转速，其转速应偏低一些，即主机电源频率可设为 $5\sim10Hz$，喂料电机电源频率设至 $10\sim15Hz$。

● 首先启动油泵，供给齿轮箱的润滑。

● 启动主机。

● 启动喂料电机。

● 当机头有物料挤出时，适当增加主机和喂料电机的转速和切粒机的转速，即可稳定生产。

（4）关机步骤

● 停车前的准备。如果加工的是热敏性树脂如 PVC，先用清机料洗车，或用高压聚乙烯进行洗车，将料筒内的热敏性树脂清洗干净后方可停机。

- 先关闭喂料电机。
- 关闭主电机。
- 关闭油泵。
- 关闭加热电源和总电源。

双螺杆挤出成型实验记录内容包括：记录所用材料的名称、牌号、产地或配方编号；记录各段的设定温度；主机、喂料和切粒电机的转速；粒料的外观尺寸和产量以及其他相关规定；记录设备名称、规格、厂家。

五、思考题

（1）叙述拉条造粒的工艺流程。

（2）叙述双螺杆挤出机的开机和关机的步骤。

（3）叙述挤出机主机速度和喂料电机速度及切粒机速度对造粒的影响。

参 考 文 献

[1] 周达飞，唐颂超. 高分子材料成型加工. 北京：中国轻工业出版社，2005.

（叶林忠）

实验 20 热塑性塑料注射成型

一、实验目的

（1）了解塑料注射机的基本结构，掌握注射成型的基本工艺过程。

（2）对影响注塑制品质量的工艺因素有感性认识。

二、实验原理

注射成型是热塑性塑料的主要成型方法，已配好的粒料或粉料加入料斗后，进入机筒，在外部加热和内部摩擦热的作用下，树脂熔化成为塑化均匀、温度均匀、组分均匀的混合物并堆积在机筒内螺杆或柱塞的前部。通过柱塞或螺杆向前推进，使一定量熔体在压力下通过喷嘴进入模具内腔，经过一定时间保压和冷却，便可开模取出制品。

温度、压力和时间是注塑工艺的三大要素。除了考虑它们对制品的质量影响之外，还需考虑生产周期的长短。

三、实验用品

聚丙烯（注塑级）、高抗冲聚苯乙烯（注塑级）、注射机、秒表、半导体点温计、表面温度计。

四、实验步骤

（1）开机准备

① 预热升温准备。合上控制柜总电源开关，根据物料设定合理的工艺温度、压力、时间。打开冷却水阀门。

② 注射。当各段温度加热到设定值后，保温 5~10min，依次进行如下操作。

● 启动油泵。

● 将物料倒入料斗。

● 选择手动模式。

③ 预塑化。关上拉门，合模，注射机座进，注射，预塑化；注射机座退，开模，拉开拉门，取出样件。

④ 合模。注射机座进，注射，预塑化；注射机座退，开模，拉开拉门，取出样件。

⑤ 选择半自动模式。在手动模式调节好以后，选择半自动模式，关上拉门，合模。设备会自动完成以下过程（注射机座进，注射，预塑化；注射机座退，开模），拉开拉门，取出样件。

（2）注射机各段加热温度的调整。根据物料熔体黏度调整机筒温度。

（3）锁模压力，预塑化压力，注射压力的调整。根据塑料充模情况，调整锁模压力，注射压力，注射时间。

（4）保压时间，冷却时间的调整。根据试样的冷却情况调整保压时间、冷却时间。

（5）清理螺杆。

五、思考题

（1）根据自己的理解叙述一下注射工艺过程。

（2）如何根据原料的性质拟定注塑实验的工艺参数？

（3）工艺条件怎样影响试样外观和内在质量？

（4）注射制品进行后处理有何作用？为什么？

参 考 文 献：

[1] 周达飞，唐颂超. 高分子材料成型加工. 北京：中国轻工业出版社，2005.

（叶林忠）

第三章

材料结构表征实验

实验 21　X 射线衍射物相分析

一、实验目的

（1）了解 X 射线衍射仪的结构及工作原理。
（2）熟悉 X 射线衍射仪的操作。
（3）掌握运用 X 射线衍射分析软件进行物相分析的方法。

二、实验原理

传统衍射仪由 X 射线发生器、测角仪、记录仪等几部分组成。

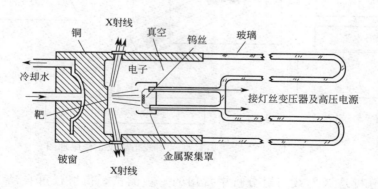

图 3-1　X 射线管示意

图 3-1 是 X 射线管示意，其中阴极由钨丝绕成螺线形，工作时通电至白热状态。由于阴阳极间有几十千伏的电压，故热电子以高速撞击阳极靶面。为防止灯丝氧化并保证电子流稳定，管内抽成高真空。为使电子束集中，在灯丝外设有聚焦罩。阳极靶由熔点高、导热性好的铜制成，靶面上镀一层纯金属，常用金属材料有 Cr、Fe、Co、Ni、Cu、M_O、W 等。当高速电子撞击阳极靶面时，便有部分动能转化为 X 射线，但其中约有 99% 将转变为热。

为了保护阳极靶面，X 射线管工作时需强制冷却。为了使用流水冷却，也为了操作者安全，应使 X 射线管的阳极接地，而阴极则由高压电缆加上负高压。X 射线管有相当厚的金属管套，使 X 射线只能从窗口射出。窗口由吸收系数较低的 Be 片制成。靶面上被电子袭击的范围称为焦点，它是发射 X 射线的源泉。采用螺线形灯丝时，焦点形状为长方形（面积常为 1mm×10mm），称为实际焦点。窗口位置的设计使得射出的 X 射线与靶面角度成 6°，从长方形短边上的窗口所看到的焦点为 $1mm^2$ 正方形，称为点焦点，在长边方向看则得到线焦点。一般照相多采用点焦点，而线焦点则多用在衍射仪上。

图 3-2 为日本理学公司生产的 D/MAX-2500/PC 型 X 射线衍射仪工作原理图。入射 X 射线经狭缝照射到多晶试样上，衍射线的单色化可借助于滤波片或单色器。衍射线被探测器所接收，电脉冲经放大后进入脉冲高度分析器。脉冲信号可送至计数率仪，并在记录仪上画出衍射图。脉冲信号也可送至计数器，以往称为定标器，经过微处理机进行寻峰、计算峰积分强度或宽度、扣除背底等处理，然后在屏幕上显示或通过打印机将所需的图形或数据输出。控制衍射仪的专用微机可通过带编码器的步进电机控制试样及探测器进行连续扫描、阶梯扫描、连动或分别动作等。目前，衍射仪都配备计算机数据处理系统，使衍射仪功能进一步扩展，自动化水平更得到提高。衍射仪目前已具有采集衍射资料、处理图形数据、查找管理文件以及自动进行物相定性分析等功能。

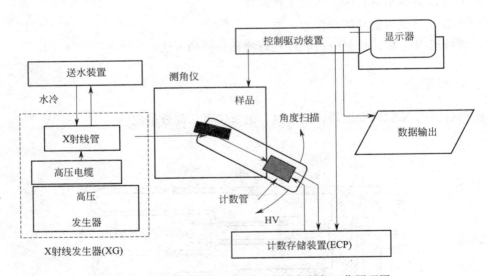

图 3-2 D/MAX-2500/PC 型 X 射线衍射仪工作原理图

物相定性分析是 X 射线衍射分析中常用的一项测试，衍射仪可自动完成这一过程。首先，仪器按所给定的条件进行衍射数据自动采集，接着进行寻峰处理并自动启动程序。当检索开始时，操作者要选择输出级别（扼要输出、标准输出或详细输出），选择所检索的数据库（在计算机硬盘上存贮物相数据库，约有物相 176000 种，并设有无机、有机、合金、矿物等多个分库），指出测试时所使用的靶、扫描范围、实验误差范围估计，并输入试样的元素信息等。此后，系统将进行自动检索匹配，并将检索结果打印输出。

三、实验用品

X 射线衍射仪。

四、实验步骤

物相分析的原理及方法在很多教材中已有较详细介绍，此处仅就实验及分析过程中的某些具体问题进行简介。

（1）试样

X 射线衍射分析的样品包括粉末样品、块状样品、薄膜样品、纤维样品等。样品不同，分析目的不同（定性分析或定量分析），则样品制备方法也不同。

① 粉末样品。粉末样品应有一定的粒度要求，通常将试样研细后使用，可用玛瑙研钵研细。定性分析时粒度应小于 $44\mu m$（350 目），定量分析时应将试样研细到 $10\mu m$ 左右。最简单确定 $10\mu m$ 粒度的方法是用拇指和中指捏住少量粉末并碾动，两手指间没有颗粒感觉，表明其粒度大致为 $10\mu m$。根据粉末的数量，可压在玻璃制通框或浅框中。压制时一般不加胶黏剂，所加压力致使粉末样品粘牢为限，压力过大可能导致颗粒的择优取向。当粉末数量很少的时候，可在玻璃片上抹上少量凡士林，再将粉末均匀撒上。

常用的粉末样品架为玻璃试样架，在玻璃板上蚀刻出试样填充区，大小为 20mm×20mm。玻璃样品架主要用于粉末试样较少时，体积约少于 $500mm^3$ 使用。充填时，试样粉末要一点一点地放进试样填充区，重复这种操作，使粉末试样在试样架里均匀分布并用玻璃板压平实，要求试样面与玻璃表面齐平。如果试样量太少，以致于不能充分填满试样填充区时，可在玻璃试样架凹槽里先滴一薄层用乙酸戊酯稀释的火棉胶溶液，然后再将粉末试样撒在上面，待干燥后进行测试。

② 块状样品。先将块状样品表面研磨抛光，大小不超过 20mm×20mm，然后将样品通过橡皮泥粘在铝样品支架上，要求样品表面与样品支架表面平齐。

③ 微量样品。取微量样品放入玛瑙研钵中将其研细，然后将研细的样品放在单晶硅样品支架上（切割单晶硅样品支架时，使其表面不满足衍射条件），滴数滴无水乙醇使微量样品在单晶硅片上分散均匀，待乙醇完全挥发后即可测试。

④ 薄膜样品。将薄膜样品剪成合适大小，用胶带纸粘在玻璃样品支架上即可。

（2）测试参数的选择

描绘衍射图之前，应考虑确定的实验参数很多，如 X 射线管阳极的种类、滤片、管电压、管电流等，其选择原则在相关教材有所介绍。有关测角仪上的参数，如发散狭缝、防散射狭缝、接收狭缝的选择等，可参考相关教材。对于自动化衍射仪，很多工作参数可由电脑上的键盘输入或通过程序输入。衍射仪需设置的主要参数有：狭缝宽度选择、测角仪连续扫描速度（如 0.010/s、0.030/s 或 0.050/s 等步长）、扫描的起始角和终止角探测器选择、扫描方式等。此外，还可以设置寻峰扫描、阶梯扫描等其他方式。

（3）衍射图的分析

① 三强线法

- 从前反射区（$2\theta < 90°$）中选取强度最大的三根线，并按照 d 值由强到弱的次序排列。
- 在数字索引中找到对应的 d_1（最强线的面间距）组。
- 按次强线的面间距 d_2 找到接近的几列。
- 检查这几列数据中的第三个 d 值与待测样的数据是否相对应，再将第 4～第 8 强线数据进行对照，最后从中找出最可能的物相所对应的卡片号。
- 找出可能的标准卡片，并将实验数据所得 d 值及 I/I_1 跟卡片上的数据详细对照，如果完全符合，物相鉴定即告完成。

如果待测样的数据与标准卡号数据不符，则需要重新排列组合并重复步骤②～步骤⑤的检索过程。如为多相物质，当找出第一种物相之后，可将其线条剔出，并将留下线条的强度重新归一化，再按步骤①～步骤⑤进行检索，直到得出正确答案。

② 特征峰法

对于经常使用的样品，对其衍射谱图应充分了解掌握，可根据谱图特征进行初步判断。例如，在 26.5°左右有一强峰，在 68°左右有五指峰出现，则可初步判定样品含 SiO_2。

③ 掌握 Jade5.0 及 PCPDFWIN 软件的使用。

五、思考题

（1）X 射线产生的原理是什么？

（2）为什么待测试样表面必须为平面？

（3）在连续扫描测量中，为什么要采用 $\theta\text{-}2\theta$ 联动的方式？

参 考 文 献

[1] 刘粤惠，刘平安. X 射线衍射分析原理与应用. 北京：化学工业出版社，2003.

（于寿山）

实验 22　透射电子显微镜分析

一、实验目的

（1）结合透射电镜实物并介绍其基本结构及工作原理，以加深对透射电镜结构的整体印象及深入了解透射电镜工作原理。

（2）结合实际样品，了解并掌握透射电镜样品的制备方法及技术要求。

（3）选用合适的样品，了解透射电镜的衬度成像原理。

二、实验原理

透射电子显微镜是一种具有高分辨率、高放大倍数的电子光学仪器，被广泛用于材料科学等研究领域。透射电镜以波长极短的电子束作为光源，电子束经由聚光镜系统的电磁透镜将其聚焦成一束近似平行的光线穿透样品，再经成像系统的电磁透镜成像和放大，然后电子束投射到主镜筒最下方的荧光屏上，形成所观察的图像。在材料科学研究领域，透射电镜主要可用于材料微区的组织形貌观察、晶体缺陷分析和晶体结构测定。

透射电子显微镜按加速电压分类，通常可分为常规电镜（100kV）、高压电镜（300kV）和超高压电镜（500kV以上）。提高加速电压可缩短入射电子的波长：一方面有利于提高电镜的分辨率；另一方面又可以提高对试样的穿透能力，不仅可以放宽对试样减薄的要求，而且厚试样与近二维状态的薄试样相比，更接近三维的实际情况。就当前各研究领域使用的透射电镜来看，其主要三个性能指标大致如下：

- 加速电压为80～3000kV；
- 分辨率为点分辨率0.2～0.35nm，线分辨率0.1～0.2nm；
- 最高放大倍数为30万～100万倍。

近年来商品电镜的型号繁多，高性能、多用途的透射电镜不断出现。但一般来说，透射电镜一般由电子光学系统、真空系统、电源及控制系统三大部分构成。此外，还包括一些附加仪器和部件、软件等。有关透射电镜的工作原理可参照相关教材，结合本实验室的透射电镜，根据具体情况进行介绍和讲解，以下仅对透射电镜的基本结构进行简单介绍。

（1）电子光学系统

电子光学系统通常又称为镜筒，是电镜的最基本组成部分，是用于提供照明、成像、显像和记录的装置。整个镜筒自上而下顺序排列着电子枪、双聚光镜、样品室、物镜、中间镜、投影镜、观察室、荧光屏及照相室等。通常又把电子光学系统分为照明、成像和观察记录部分。

（2）真空系统

为保证电镜正常工作，要求电子光学系统应处于真空状态下。电镜的真空度一般应保持在10^{-5}Torr（1Torr=133.322Pa），这需要机械泵和油扩散泵两级串联才能得到保证。目前透射电镜可增加一台离子泵以提高真空度，真空度可达$1×10^{-6}$Pa或更高。如果电镜的真空度达不到要求时会出现以下问题。

① 电子与空气分子碰撞改变运动轨迹，影响成像质量。

② 栅极与阳极间空气分子电离，导致极间放电。

③ 阴极炽热的灯丝迅速氧化烧损，缩短使用寿命甚至无法正常工作。

④ 试样易于氧化污染，产生假象。

（3）供电控制系统

供电系统主要提供两部分电源：一是用于电子枪加速电子的小电流高压电源；二是用于各透镜激磁的大电流低压电源。目前先进的透射电镜多已采用自动控制系统，其中包括真空系统操作的自动控制、从低真空到高真空的自动转换、真空与高压启闭的联锁控制，以及用微机控制参数选择和镜筒合轴对中等。

三、实验用品

透射电子显微镜。

四、实验步骤

（1）明暗场成像原理

对于晶体薄膜样品明暗场像的衬度，即不同区域的亮暗差别，是由于样品相应的不同部位结构或取向的差别而导致其衍射强度的不同而形成的，称其为衍射衬度。以衍射衬度机制为主所形成的图像称为衍衬像。如果只允许透射束通过物镜光阑而成像，称其为明场像。如果只允许某支衍射束通过物镜光阑成像，则称为暗场像。就衍射衬度而言，对于样品中不同部位结构或取向的差别，实际上是表现在满足或偏离布喇格条件程度上而展现出来的。满足布喇格条件的区域，其衍射束强度较高，透射束强度相对较弱，用透射束成明场像，该区域呈暗衬度；反之，对于偏离布喇格条件的区域，衍射束强度较弱，而透射束强度相对较高，该区域在明场像中显示亮衬度。而暗场像中的衬度则与选择哪支衍射束成像有关。如果在一个晶粒内，在双光束衍射条件下，明场像与暗场像的衬度恰好相反。

（2）明场像和暗场像

明、暗场成像是透射电镜基本也是常用的技术方法，其操作比较容易，这里仅对暗场像操作及其要点简单介绍如下。

① 在明场像下寻找感兴趣的视场。

② 插入选区光阑，围住所选择的视场。

③ 按"衍射"按钮转入衍射操作方式，取出物镜光阑，此时荧光屏上将显示所选区域内晶体产生的衍射花样。为获得较强的衍射束，可适当倾转样品，调整其取向。

④ 倾斜入射电子束方向，使用于成像的衍射束与电镜光轴平行，此时该衍射斑点应位于荧光屏中心。

⑤ 插入物镜光阑并套住荧光屏中心的衍射斑点，转入成像的操作方式，并取出选区光阑。此时，荧光屏上显示的图像，即为该衍射束形成的暗场像。

通过调节入射束方向，把成像的衍射束调整至光轴方向，可以减小球差，而获得高质量的图像。这种方式形成的暗场像称为中心暗场像。在调节入射束时，应将透射斑移至原强衍射斑（hk_1）位置，而（hk_1）弱衍射斑相应地移至荧光屏中心，而变成强衍射点，这一点应该在操作时引起注意。透射电镜样品制备方法如下。

透射电镜主要应用在材料学研究，包括纳米材料、金属材料、无机非金属材料、高分子材料以及生物材料。对于不同材料，有不同的样品处理方法，以满足透射电镜的要求。

● 纳米材料。采用悬浮液分散的方法。对于不同材料，选用合适的分散剂以及合适的分散介质，其分散条件是非常重要的。

● 金属材料。通常采用电化学腐蚀的方法或离子减薄的方法。对于不同材料，选择合适的腐蚀介质以及合适的腐蚀条件是非常关键的。

● 无机非非金属材料。通常采用离子减薄的方法。

● 高分子材料和生物材料。通常采用超薄切片的方法进行制备。对于生物材料，要有一套特殊的脱水工艺，保证脱水过程中细胞的显微结构不会发生变化。

五、思考题

（1）简述透射电镜的基本结构。

（2）简述透射电镜电子光学系统的组成及各部分的作用。

（3）举例说明明、暗场成像的原理、操作方法与步骤。

参 考 文 献

[1] 威廉斯，卡特. 透射电子显微学：材料科学教材. 北京：清华大学出版社，2007.

（蔺玉胜）

实验 23 扫描电子显微镜分析

一、实验目的

（1）掌握扫描电镜（SEM）基本结构、二次电子形貌衬度原理、背散射电子像衬度原理。

（2）观察样品形貌，并分析其结构。

二、实验原理

（1）扫描电子显微镜的基本结构和工作原理

SEM 的基本结构：包括电子光学系统（镜筒）、真空系统、信号收集系统、图像显示系统以及控制系统等几大部分。SEM 的电子光学系统与 TEM（透射电镜）有所不同，其作用主要是为了提供扫描电子束。扫描电子束应具有较高的亮度和尽可能小的束斑直径，作为使样品产生各种物理信号的激发源，相当于光学显微镜的照明光源。SEM 最常使用的是二次电子和背散射电子作为成像信号。前者用于显示表面形貌衬度，后者用于显示样品的原子序数衬度。

SEM 的电子光学系统由电子枪、电磁透镜、偏转线圈等部件组成。其中，电子枪有普通热阴极电子枪（钨丝阴极、LaB_6 阴极，均属于典型的三极式电子枪）、场发射电子枪两大类。在 SEM 中，使用高亮度场发射电子枪可进一步缩小电子束直径或电子束束流，对提高分辨本领和改善信噪比都极为有利。由于场发射电子枪的交叉斑直径小，更容易受环境振动和杂散磁场的干扰影响，所以对环境的要求更为严格。场发射电子枪具有亮度高、束斑直径小、束流大和寿命长等优点，已经用于高性能 SEM，其最高分辨率可达到 0.6nm。

在很多应用中，都要求在低加速电压下工作，以得到样品的表面信息。场发射扫描电镜恰好能弥补其他电镜在低电压下亮度低、色差大的弱点，在较低电压下其分辨率仍很高。场发射电子枪性能好，价格贵。场发射电子枪要求在 $10^{-7} \sim 10^{-8}$ Pa 的超高真空下工作。图 3-3 为扫描电镜原理。图 3-4 为 JSM-6700F 型冷场发射扫描电子显微镜。

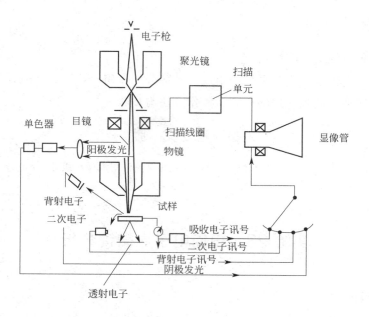

图 3-3　扫描电镜原理示意

图 3-4　JSM-6700F 型冷场发射扫描电子显微镜

（2）电子束与固体表面的作用所产生的物理信号

电子束与固体表面作用后，可产生二次电子、背散射电子、特征 X 射线、透射电子、俄歇电子和阴极发光等物理信号，其中二次电子、背散射电子和特征 X 射线可用于扫描电镜的成像信号和元素分析信号（图 3-5）。

（3）扫描电镜图像衬度原理

① 表面形貌衬度。二次电子信号来源于样品表面层 5~10nm 的深度范围，二次电子的数量与入射电子束与样品微区表面法线的夹角有关。因此，二次电子的数量对样品的表面形

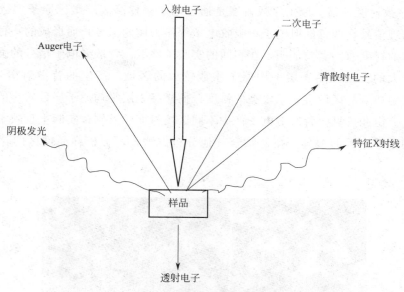

图 3-5 电子束与固体表面的作用

貌非常敏感，随着样品表面相对于入射束的倾角增大，二次电子的产额增多。因此，二次电子像适合于显示表面形貌衬度。

二次电子像的分辨率较高，JSM-6700F 型冷场发射扫描电子显微镜可达到 1.0nm。其分辨率的高低主要取决于束斑直径，而实际上真正达到的分辨率与样品本身的性质、制备方法，以及扫描电镜的操作条件等因素相关。在最理想条件下，其可达到的最佳分辨率为 1.0nm。

利用 SEM 的图像表面形貌衬度几乎可以显示任何样品表面的超微信息，其应用已扩展到许多科学研究领域。在材料科学研究领域，特别是表面形貌衬度在纳米材料的表面形貌、金属断口分析等方面，显示出突出的优越性（图 3-6）。

图 3-6 二次电子像

② 原子序数衬度观察。原子序数衬度是通过电子对样品表层微区原子序数或化学成分变化敏感的物理信号，如背散射电子、吸收电子等作为调制信号，而形成的一种能反映微区化学成分差别的衬度像。实验证明，在相同的实验条件下，背散射电子信号的强度是随原子序数增大而增大的。在样品表层平均原子序数较大的区域，产生的背散射信号强度较高，背散射电子像中相应的区域会显示较亮的衬度；而样品表层平均原子序数较小的区域，则显示较暗的衬度。由此可见，背散射电子像中不同区域衬度的差别，实际上反映了样品的相应不同区域平均原子序数的差异，据此结合其他分析方法，可分析样品微区的化学成分分布（图 3-7）。

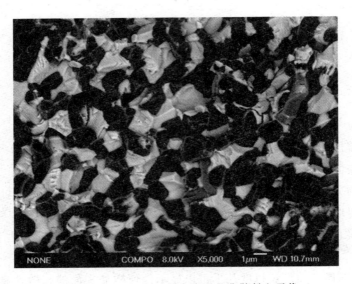

图 3-7　Al_2O_3-CeO_2 复合陶瓷的背散射电子像

三、实验用品

实验样品（如陶瓷样品，金属样品等），JSM-6700F 扫描电镜一台，喷金设备一台。

四、实验步骤

（1）样品制备

样品制备简单是扫描电镜的优点之一。对于新鲜的金属断口样品，不需要做任何处理，可以直接进行观察。但在有些情况下，需对样品进行必要处理后才能进行观察。

① 样品表面如果附着有灰尘和油污，可用有机溶剂（如乙醇或丙酮等）在超声波清洗器中进行清洗。

② 对于不导电的样品，观察前需要在样品表面喷镀一层导电金属（如 Au）或碳。

（2）SEM 的实验步骤

① 开机。

② 装入样品。

③ 图像观察。

④ 关机。

（3）实验记录

实验记录内容包括样品的制备方法及注意事项，二次电子像与背散射电子像的特点等。

五、思考题

（1）说明二次电子像与背散射电子像的特点及用途。

（2）扫描电镜在材料研究领域里有哪些主要用途？

参 考 文 献

［1］ 章晓中．电子显微分析．北京：清华大学出版社，2006．

（彭红瑞、张乾）

实验 24 综合热分析仪实验

一、实验目的

（1）了解综合热分析仪的组成及各部分功能。

（2）加深理解综合热分析仪的原理和应用。

（3）掌握和利用综合热分析仪，研究材料热稳定性的方法。

二、实验原理

（1）热重分析基本原理

热重法（TG）是对试样的质量随以恒定速度变化的温度或在等温条件下随时间变化而发生的改变量进行测量的一种动态技术，在热分析技术中热重法使用最为广泛。这种研究是在静止或流动的活性或惰性气体环境中进行的。

热重法通常有下列两种类型：等温热重法，即在恒温下测定物质质量变化与时间的关系；非等温热重法，即在程序升温下测定物质质量变化与温度的关系。

（2）差热分析基本原理

差热分析法（DTA）是在程序控制温度下，测量物质和参比物的温度差随时间或温度变化的一种技术。当试样发生任何物理或化学变化时，所释放或吸收的热量使样品温度高于或低于参比物的温度，从而相应地可在差热曲线上得到放热峰或吸热峰。

三、实验用品

德国 Netzsch STA449C 型号综合热分析仪，粉体，坩埚。

四、实验步骤

（1）实验前 1h 打开恒温水浴箱，设定恒温水浴箱的温度比室温高 2～3℃。

（2）打开所有仪器。

（3）调节氮气气瓶上压力表的减压阀，设定保护气的流速为 10mL/min。

（4）称量空坩埚的质量，待天平稳定后清零。

（5）从天平中取出坩埚并加入样品，然后称量样品质量。

（6）打开电脑中的"STA449C on Measurement"程序，选择"文件"——➤"打开"，根据实验条件选择合适的基线文件。

（7）在弹出的"STA449C Measurement Header"窗口选择测量类型。输入样品编号和质量，点击"Continue"按钮；在随后的"Open Temperature Recalibration"窗口和"Open Sensitivity File"窗口选择定义好的温度校正文件和灵敏度（热焓）校正文件，并依次点击"Continue"按钮。

（8）在"STA449C Temperature Program Definition"窗口中，点击"Step Category"下的"Initial"选项，输入实验的初始温度（20℃），单击"Add"；逐次选择"Dynamic"和"Final"选项，输入相关数据，步骤与"Initial"设置相同。完成升温程序设定后，点击"Continue"按钮，进入"Save As"窗口。

（9）在"Save As"窗口中为本次实验命名，然后点击"OK"按钮；在弹出的"STA 449C Adjustment on"窗口，点击"Tare"按钮；待质量归零后，点击"Initial Cond. On"按钮，等待各参数调整到"Initial"设定值；随后点击"Start"按钮，仪器进入程序升温测试阶段。

（10）当热分析测试实验结束，计算机弹出"End"提示窗口，实验结束。

五、思考题

热分析技术主要有哪些？

参 考 文 献

[1] 徐颖. 热分析实验. 北京：学苑出版社，2011.
[2] 刘素霞，张永刚. 综合热分析仪实验教学初探. 科技创新导报，2015，12（5）：124-125.

（于立岩）

实验 25　有机化合物的紫外吸收光谱研究

一、实验目的

（1）了解紫外-可见分光光度法的原理及应用范围。

（2）了解紫外-可见分光光度计的基本构造及设计原理。

（3）了解苯及衍生物的紫外吸收光谱及鉴定方法。

（4）观察溶剂对吸收光谱的影响。

二、实验原理

紫外-可见分光光度法是光谱分析方法中吸光测定法的一部分。

（1）紫外-可见吸收光谱的产生

紫外可见吸收光谱是由于分子中价电子的跃迁而产生的，这种吸收光谱决定于分子中价电子的分布和结合情况。分子内部的运动分为价电子运动、分子内原子在平衡位置附近的振动和分子绕其重心的转动，因此分子具有电子能级、振动能级和转动能级。通常电子能级间隔为 $1\sim20eV$，这一能量恰落在紫外与可见光区。每一个电子能级之间的跃迁，都伴随着分子的振动能级和转动能级的变化。因此，电子跃迁的吸收线就变成内含有分子振动和转动精细结构的较宽谱带。

芳香族化合物的紫外光谱的特点是具有由 $\pi\rightarrow\pi^*$ 跃迁产生的 3 个特征吸收带。例如，苯在 184nm 附近有一个强吸收带，$\varepsilon=68000$；在 204nm 处有一较弱的吸收带，$\varepsilon=8800$；在 254nm 附近有一个弱吸收带，$\varepsilon=250$。当苯处在气态时，这个吸收带具有很好的精细结构。当苯环上带有取代基时，则强烈影响苯的 3 个特征吸收带。

（2）紫外-可见光谱分析法的应用

① 化学物质的结构分析。

② 有机化合物分子量的测定。

③ 酸碱离解常数的测定。

④ 标准曲线法测定有机化合物的含量。

⑤ 配合物中配位体/金属比值的测定。

⑥ 有机化合物异构物的判别等。

（3）紫外-可见分光光度计的基本构造

紫外-可见分光光度计的基本构造如图 3-8 所示。

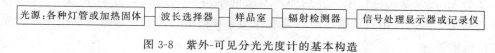

图 3-8　紫外-可见分光光度计的基本构造

三、实验用品

（1）仪器。Cary500 型紫外-可见-近红外分光光度计；石英吸收池；比色管（带塞）为 5mL 10 支，10mL 3 支；移液管为 1mL 6 支，0.1mL 2 支。

（2）试剂。苯、乙醇、环己烷、正己烷、氯仿，丁酮，水。

（3）溶液。HCl（0.1mol/L^{-1}），NaOH（0.1mol/L^{-1}），苯的环己烷溶液（1：250），甲苯的环己烷溶液（1：250），苯的环己烷溶液（0.3g/L），苯甲酸的环己烷溶液（0.8g/L），苯酚的水溶液（0.4g/L）。

四、实验步骤

（1）分光光度计的操作步骤

① 将待测样品倒入石英比色皿中，置于仪器液体样品测试附件内。安装完毕后，开启仪器及联用电脑。

② 待电脑进入 Windows 操作界面后，打开 Scan 操作系统，进入 setup 界面，开始测试设定如下。

- Cary 选项栏中，设定 X Mode，Mode：Nanometers；扫描范围：start 800nm，stop 200nm。
- 在 options 选项栏中，设定 Auto lamps off。
- 在 Auto Store 选项栏中，选择 Storage off。

然后点击确定，完成测试参数设定。放入空白样，点击 Scan 操作界面左侧 Baseline，进行基线扫描。

③ 打开样品池顶盖，取出空白样，放入待测样品，关闭样品池顶盖。进入 set up 操作界面，确定扫描范围，在 Baseline 选项栏中选择 Baseline correction，然后点击确定，完成样品测试设定。点击 Scan 操作界面上部 Start，进行待测样品的基线校正扫描。

④ 测试完毕后，保存吸收曲线数据，关闭光谱仪，取出样品。

（2）取代基对苯吸收光谱的影响

在 4 个 5mL 带塞比色管中，分别加入 0.5mL 苯、甲苯、苯酚、苯甲酸的环己烷溶液，用环己烷溶液稀释至刻度，摇匀。用带盖的石英吸收池，以环己烷作为参比溶液，在紫外区进行波长扫描，得出 4 种溶液的吸收光谱。

（3）溶剂对紫外吸收光谱的影响

溶剂极性对 $n \rightarrow \pi^*$ 跃迁的影响是在 3 个带塞比色管中，分别加入 0.02mL 丁酮，然后分别用水、乙醇、氯仿稀释至刻度，摇匀。用 1cm 石英吸收池，将各自溶剂作为参比溶液，在紫外区作波长扫描，得到 3 种溶液的紫外吸收光谱。

（4）溶液的酸碱性对苯酚吸收光谱的影响

在 2 个 5mL 带塞比色管中，分别加入苯酚的水溶液 0.5mL，分别用 HCl 和 NaOH 溶液稀释至刻度，摇匀。用石英吸收池，以水作为参比溶液，绘制两种溶液的紫外吸收光谱。

（5）数据处理

① 比较苯、甲苯、苯酚和苯甲酸吸收光谱，计算各取代基使苯的最大吸收波长红移动多少纳米，解释原因。

② 比较溶剂和溶液酸碱性对吸收光谱的影响。

五、思考题

（1）本实验中需要注意的事项有哪些？

（2）为什么溶剂极性增大后，$n \rightarrow \pi^*$ 跃迁产生的吸收带发生紫移，而 $\pi \rightarrow \pi^*$ 跃迁产生的吸收带发生红移？

参 考 文 献

[1] 张正行. 有机光谱分析. 北京：人民卫生出版社，2009.
[2] 丁敬敏. 有机分析. 北京：化学工业出版社，2004.

（李斌）

实验 26　气相质谱仪系统实验

一、实验目的

（1）了解 HPR-20 气相质谱仪的组成和结构。

（2）了解 HPR-20 气相分析系统性能技术指标和应用范围。

（3）掌握 HPR-20 气相质谱仪的工作原理及操作方法。

（4）了解气相质谱谱图的分析方法。

二、实验原理

质谱分析的基本原理是将所研究的混合物或单体离子化，按离子的荷质比分离，然后测量各种离子谱峰的强度而实现分析目的的一种分析方法。下面主要介绍质谱分析仪中两个主要组成部件。

① 离子源。离子源是质谱仪最主要的组成部件之一，其作用是使被分析的物质电离成离子，并将离子汇聚成有一定能量和一定几何形状的离子束。由于被分析物质的多样性和分析要求的差异，物质电离的方法和原理各不相同。各种电离方法是通过对应的各种离子源来实现的，不同离子源的工作原理、组成结构各不相同。离子源分为：电子轰击型离子源、离子轰击型离子源、原子轰击型离子源、放电型离子源、表面电离源、场致电离源、化学电离源等。本仪器采用的离子源类型是阴极射线离子轰击型离子源，可快速而连续地离子化多组分气体或混合蒸汽。图 3-9 为该仪器离子源部件示意。

图 3-9　离子源部件示意

② 质量分析器。质量分析器是质谱仪器的主体部分。一只理想的质量分析器应具备分辨率高、质量范围宽、分析速度快、灵敏度高及无质量歧视效应等特点。常用的质量分析器有：磁场偏转质量分析器、飞行时间质量分析器、扇形磁场和静电场、四极滤质器等。本仪器采用的质量分析器为四极滤质器，其性能十分优越，目前已被广泛应用到质谱仪之中。

四极滤质器是由四根平行的截面为双曲面形或圆形的筒形电极组成，对角电极相连构成两组，在两组电极上施加直流电压 u 和射频交流电压 v。当具有一定能量的离子进入筒形电极所包围的空间后，受到电极交、直流叠加电场的作用，以复杂的形式波动前进。在一定的直流电压和交流电压比（u/v）以及场半径 r 固定的条件下，对于某一种射频频率，只有一种质荷比的离子可以顺利通过电场区到达检测器，这些离子称为共振离子。其他离子在运动过程中撞击在圆筒电极上而被"过滤"掉，这些离子称为非共振离子。

三、实验用品

HPR-20 气相质谱仪设备如图 3-10 所示。

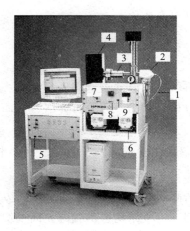

图 3-10　HPR-20 气相质谱仪设备

1—气体进样器；2—离子源；3—离子加速器；4—离子检测器及数据处理系统；
5—离子检测与数据处理系统开关；6—真空泵；7—仪器总开关；
8—压力指示开关；9—温度指示开关

四、实验步骤

（1）打开仪器总开关，电源指示灯变绿后再依次打开离子检测与数据处理系统开关、压力指示开关、温度指示开关。

（2）启动 Windows 系统，再依以下操作进行：开始—程序—Hiden Applications—MAS soft，进入测试系统。

（3）选择"文件"—"新建"，在 Scan1. mass 中选择步长大小，可选择分子量范围、压力测试单位及范围；在 stop 中选择 continuous scaning；再选择 Scan1. mass，在图标中选择望远镜图标；选择通断电图标；待 F1 及 Emission 变绿后选择绿灯，开始扫描测样。

（4）系统需要一定时间达到稳定状态，因此可进行连续扫描直到理想状态。

（5）当实验结束后，关机顺序与开机顺序相反：先关掉温度指示开关，压力指示开关，再关掉离子检测与数据处理系统开关，待 40min 后再关掉仪器总开关。

注意事项：系统可进行自动进样，只要将被测样品与气体进样器连接即可；在离子加速器附近要用干硅胶进行干燥，可得到效果好的基线；操作系统一直要在真空条件下进行。

实验谱图举例如表 3-1～表 3-3 所示。

表 3-1　掺杂纳米 TiO_2 海绵后甲苯的降解率

紫外（15W）光照时间/h	甲苯特征峰值（92）/Torr[①]	甲苯降解率/%
0	1.18×10^{-8}	0
3	1.167×10^{-8}	—
6	9.376×10^{-8}	21
12	4.7×10^{-8}	60
20	3.0×10^{-8}	75

① 1Torr＝133.322Pa。

表 3-2　纳米 TiO_2 镀膜玻璃光催化降解冷柜异味气体状况

间隔时间/h	异常峰质量数/amu	峰高/Torr[①]	去除效率/%
0	64.2	6.556×10^{-11}	0
1		2.79×10^{-12}	95.74
2		2.083×10^{-12}	96.82
3		1.53×10^{-12}	97.67
4		2.0×10^{-12}	97.95
5		5.083×10^{-13}	99.22

① 1Torr＝133.322Pa。

表 3-3　掺杂纳米 TiO_2 海绵（青岛海尔科大纳米技术开发有限公司提供）后甲醛的降解率

光触媒展示箱工作时间/h	浓度/$\times 10^{-6}$	甲醛降解率/%
0	80	0
0.5	67.5	15.63
1	58	27.5
1.5	49.6	38
2	43.8	45.25
2.5	40	50
3	37.6	53

五、思考题

HPR-20 气相质谱仪的组成和结构是什么？

参 考 文 献

[1] 戴维·斯帕克曼. 气相色谱与质谱：实用指南（原著第 2 版）. 北京：科学出版社，2015.

（李斌）

实验 27　偏光显微镜观察高分子的球晶

一、实验目的

(1) 了解偏光显微镜的结构及使用方法。

(2) 观察高分子的结晶形态，估算聚丙烯球晶大小。

二、实验原理

采用偏光显微镜来研究结晶高分子的结晶形态是实验室中常用的一种简便而实用的方法。由于结晶条件差异，高分子结晶可以形成不同形态。在通常情况下，当从高分子浓溶液中析出或从高分子熔体冷却结晶时，此时的高分子倾向于生成比单晶还复杂的多晶聚集体，这种聚集体通常呈现出球形，因此被称为"球晶"；通常高分子球晶可以长得很大；对于尺寸在几微米以上的球晶，采用普通的偏光显微镜就可进行其形态的观察；对尺寸小于几微米的高分子球晶，则可以采用电子显微镜或小角激光光散射法，对其形态进行研究。

高分子制品的使用性能（如强度、耐热性、光学性能等）与高分子材料内部的结晶形态、晶粒大小及完善程度等有极其密切的联系。对于高分子结晶形态等的研究，在高分子结构与性能方面，有着重要的理论和实际意义。球晶的基本结构单元具有折叠链结构的片晶，许多晶片从一个中心（晶核）向四面八方生长，发展成为一个球状聚集体。

根据振动特点的不同，光有自然光和偏振光之分。自然光的光振动均匀分布在垂直于光波传播方向的平面内，如图 3-11(a) 所示。自然光经过反射、折射、双折射或选择吸收等作用后，可以转变为只在一个固定方向上振动的光波，这种光称为平面偏光或偏振光，如图 3-11(b) 所示。偏振光振动方向与传播方向所构成的平面叫做振动面。如果沿着同一方向有两个具有相同波长并在同一振动平面内的光传播，则二者相互起作用而发生干涉。由起偏振物质产生的偏振光振动方向，称为该物质的偏振轴。偏振轴并不是单独一条直线，而是表示一种方向，如图 3-11(b) 所示。自然光经过第一偏振片后，变成偏振光。如果第二个偏振片的偏振轴与第一片平行，则偏振光能继续透过第二个偏振片；如果将其中任意一片偏振片的偏振轴旋转 90°，使它们的偏振轴相互垂直，这样的组合便变成光的不透明体，这时

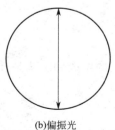

(a)自然光　　　　　　(b)偏振光

图 3-11　自然光和偏振光振动特点示意

两偏振片处于正交。

光波在各向异性介质（如结晶高分子）中传播时，其传播速度随振动方向不同而发生变化，其折射率值也因振动方向不同而改变。除特殊的光轴方向外，都要发生双折射，分解成振动方向互相垂直、传播速度不同、折射率不等的两条偏振光。两条偏振光折射率之差叫做双折射率。光轴方向，即光波沿此方向射入晶体时不发生双折射。一种高分子的晶体结构通常属于一种以上的晶系，在一定条件下可相互转换。聚乙烯晶体一般为正交晶系，如经反复拉伸、辊压后发生严重变形，晶胞便变为单斜晶系。

在正交偏光镜下的观察：对于非晶态（无定形）的高分子薄片样品，其本身是光的均匀体，不存在双折射现象，光线会被两个正交的偏振片所阻拦。因此，其视场是暗的，如PMMA、无规 PS。高分子单晶体根据对于偏光镜的相对位置，可呈现出不同程度的明或暗图形，其边界和棱角明晰。当把工作台旋转一周时，会出现四明四暗。高分子球晶会呈现出其特有的黑十字消光图像，也被称为 Maltase 十字，黑十字的两臂则分别平行于偏光显微镜的起偏镜和检偏镜的振动方向。当转动偏光显微镜工作台的时候，这种消光图像不会发生改变。究其原因，在于球晶自身是由沿半径排列的微晶所组成的，这些微晶均是光的不均匀体，均具有双折射现象。也就是说，对于整个球晶来说，其结构是中心对称的。因此，除了在偏振片的振动方向以外，在其余部分就会出现因折射而产生的光亮。聚戊二酸丙二酯的球晶在正交偏光显微镜下观察，会出现一系列消光同心圆，这是因为聚戊二酸丙二酯球晶中的晶片是螺旋形，即 a 轴与 c 轴在与 b 轴垂直的方向上旋转，b 轴与球晶半径方向平行，径向晶片的扭转使得 a 轴和 c 轴（大分子链的方向）

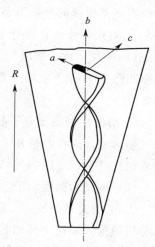

图 3-12 球晶中晶轴
螺旋取向示意

围绕 b 轴旋转（图 3-12）。当高分子中发生分子链的拉伸取向时，会出现光的干涉现象。在正交偏光镜下多色光会出现彩色条纹。从条纹的颜色、多少、条纹间距及条纹的清晰度等，可以计算出取向程度或材料中应力的大小，这是一般的光学应力仪原理；而在偏光显微镜中，可以观察得更为细致。

三、实验用品

偏光显微镜一台、附件、擦镜纸、镊子一把、载玻片、盖玻片若干；聚乙烯，聚丙烯。

偏光显微镜比生物显微镜多一对偏振片（起偏镜及检偏镜），因而能观察具有双折射的各种现象。目镜和物镜使物像得到放大，其总放大倍数为目镜放大倍数与物镜放大倍数的乘积。起偏镜（下偏光片）和检偏镜（上偏光片）都是偏振片。检偏镜是固定的，不可旋转，起偏镜可旋转；以调节两个偏振光互相垂直（正交）。旋转工作台是可以水平旋转 360°的圆形平台，旁边附有标尺，可以直接读出转动角度。工作台可放置显微加热台，可以研究在加热或冷却过程中聚合物结构的变化；微调手轮及粗调手轮用来调焦距。

四、实验步骤

(1) 聚合物试样的制备

① 熔融法制备高分子球晶。首先把载玻片、盖玻片及专用砝码置于恒温的熔融炉内，在选定温度（一般要比结晶高分子的 T_m 高出 30℃）下恒温 5min，之后把少量结晶高分子（通常几毫克）置于载玻片表面，盖上盖玻片，恒温 10min 使其得到充分熔融，之后压上砝码，并轻压试样至薄且充分排去内部气泡，继续恒温 5min，然后在熔融炉有盖子的情况下，自然冷却到室温。

为了使球晶长得更完整，可在稍低于熔点温度恒温一定时间再自然冷却至室温；在不同恒温温度下所得的球晶形态是不同的。

② 直接切片制备高分子试样。在要观察的高分子试样指定部分用切片机切取厚度约为 $10\mu m$ 的薄片，放于载玻片上，用盖玻片盖好即可进行观察。为了增加清晰度，消除因切片表面凹凸不平所产生的分散光，可于试样上滴加少量与聚合物折射率相近的液体，如甘油等。

③ 溶液法制备高分子晶体试样。先把高分子试样溶于适当溶剂中，然后缓慢冷却，吸取几滴溶液，滴在载玻片上，用另一清洁盖玻片盖好，静置于有盖的培养皿中（培养皿放少许溶剂保持有一定溶剂气氛，防止溶剂挥发过快）让其自行缓慢结晶。

(2) 偏光显微镜调节

① 正交偏光的校正。所谓正交偏光，是指偏光镜的偏振轴与分析镜的偏振轴呈垂直。将分析镜推入镜筒，转动起偏镜来调节正交偏光。此时，目镜中无光通过，视区全黑。在正常状态下，视区在最黑的位置时，起偏振镜刻线应对准 0° 位置。

② 调节焦距，使物像清晰可见，步骤如下。将欲观察的薄片置于载物台中心，用夹子夹紧。从侧面看着镜头，先旋转微调手轮，使它处于中间位置，再转动粗调手轮将镜筒下降使物镜靠近试样玻片，然后在观察试样的同时慢慢上升镜筒，直至看清物体的像，再左右旋动微调手轮使物体的像最清晰。切勿在观察时用粗调手轮调节下降，否则物镜有可能碰到玻片硬物而损坏镜头。特别是在高倍时，被观察面（样品面）距离物镜只有 0.2～0.5mm，一不小心就会损坏镜头！

(3) 高分子聚集态结构的观察

观察高分子晶形，测定聚乙烯球晶大小。

高分子晶体薄片放在正交偏光显微镜下观察，表面不是光滑的平面，而是有颗粒突起的。这是由于样品中的组成和折射率是不同的，折射率愈大，成像位置愈高；折射率低者，成像位置愈低。高分子结晶具有双折射性质，视区有光通过，球晶晶片中的非晶态部分则是光学各向同性，视区全黑。用显微镜目镜分度尺，测量晶粒直径（单位为 μm），测定步骤如下。

① 将带有分度尺的目镜插入镜筒内，将载物台显微尺（1.00mm，为 100 等分）置于载物台上，使视区内同时见到两尺。

② 调节焦距使两尺平行排列，刻度清楚，并使两零点相互重合，即可算出目镜分度尺的值。

③ 取走载物台显微尺，将欲测聚乙烯试样置于载物台视域中心，观察并记录晶形；读出球晶在目镜分度尺上的刻度，即可计算出球晶直径大小。

五、思考题

（1）解释出现黑十字和一系列同心圆环的结晶光学原理。

（2）结合高分子物理授课内容，理解在实际应用过程中如何控制晶体形态？

参 考 文 献

［1］ 麦卡弗里 E.L. 著，蒋硕健等译. 高分子化学实验室制备. 北京：科学出版社，1981.

［2］ 何曼君等. 高分子物理（修订版）. 上海：复旦大学出版社，1990.

（叶林忠）

实验 28　相差显微镜观察聚合物共混形态

一、实验目的

（1）了解相差显微镜的原理和使用方法。

（2）学会制备聚苯乙烯（PS）/聚甲基丙烯酸甲酯（PMMA）合金薄膜。

（3）会用相差显微镜观察不同配比的 PS/PMMA 合金薄膜的相结构。

二、实验原理

高分子合金是由两种或两种以上高分子材料构成的复合体系，是指不同种类的高聚物，通过物理或化学方法共混，以形成具有所需性能的高分子混合物。

高分子合金制备简易且随着组分改变，可以得到多样化性能。制备高分子合金的方法主要分为化学方法和物理方法两大类。大多数高分子合金都是互不相容的非均相体系，而组分的相容性从根本上制约合金的形态结构，是决定材料性能的关键。对合金织态结构形态、尺寸的研究，对制备高性能高分子合金具有重要意义。高分子合金织态结构的研究方法主要有电子显微镜法、光学显微镜法、光散射法和中子散射法等。光学显微镜法最为简单易行和直观，其中相差显微镜（也称相衬显微镜）适合于观察 0.5mm 以上的相态结构。

（1）相差显微镜原理

1935 年荷兰科学家 Zermike 发明了相差显微镜，并用它来观察未进行染色的标本。对于活细胞和未染色的生物标本，因为细胞各部分细微结构的折射率和厚度存在不同，当光波通过的时候，光波的波长和振幅并不发生变化，但是其相位发生变化（振幅差），这种振幅差，人的肉眼是无法观察到的。但是，相差显微镜通过改变这种相位差，并且利用光线的衍射和干涉现象，把相差变为振幅差，并用来观察活细胞和未染色的标本。通常来说，相差显微镜和普通光学显微镜的差异在于：采用环状光阑来代替可变光阑，采用带相板的物镜代替普通物镜，并配有一个合轴用的望远镜。

普通显微观察是根据物体对光线的不同吸收来区别的，即图像的反差是由光吸收差异产生的。对于单色光的场合，样品各个结构部分由于对光线吸收大小不同而显示出不同亮度，也就是振幅的差别；在采用白光照明的场合，则还会由于对不同光谱吸收的不同而改变光谱成分，从而显示出不同颜色。这种能引起光线振幅变化的物体称为振幅物体。另有一类物体，仅改变入射光的相位，不改变振幅，称之为相位物体，由于相位物体具有不同的折光指数，折射率的不同也即光穿过这类物体的路途不同，产生了光程差，人眼是无法分辨的，所以必须采用相板（一种金属膜），将光程差转换成振幅差，便于人们分辨物体，这就是相差显微镜的原理。

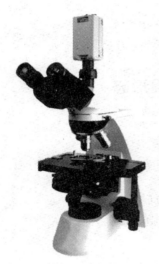

图 3-13　相差显微镜

相差显微镜（图 3-13）将光程差变为振幅差的工作是由一个相环和相板完成的，它们可以将直接通过物体的直接光和衍射光区分开来并进行干涉成像。环形光阑（相环）处于光源与聚光器之间，其作用是使透过聚光器的光线形成空心光锥并焦聚至样品上。相板在物镜中加了涂有氟化镁的相板，可将直射光或衍射光的相位推迟 1/4 波长，从而使像的反差（对比度）大幅度增强。带有相板的物镜称为相差物镜。当光学系统性能良好时，人眼分辨率的最小反差约为 0.02。

一般的相差聚光器上都装有数个环状光阑，可以方便地进行转换；而相板是装在物镜中的，因此环状光阑必须与物镜匹配，即在使用时应选择与物镜上号码相同的环状光阑。

在相差显微镜中，环状光阑必须与相板完全重合，就能实现线性转换，不重合必然会有一些带有相品信息的光丢失，这样观察到的图像就失真了。本应推迟的相位有的不能够被推迟，这样显然就不会达到相差镜检的效果。相差显微镜配备有一个合轴调节望远镜，用于合轴的调节。使用的时候，拨去相差显微镜一侧的目镜，然后插入合轴，调节望远镜，之后旋转合轴调节望远镜的焦点，便能够清楚看到一明一暗的两个圆环；然后再转动聚光器上的环状光阑的两个调节钮，使得明亮的环状光阑圆环与暗的相板上共轭面暗环，实现完全重叠的效果，如图 3-14 所示。调好后取下望远镜，换上目镜即可进行镜检观察。

(a)相板的暗环　　　(b)环状光阑未调中　　　(c)环状光阑与相板成为同心圆

图 3-14　相板和环状光阑的调节

另外，由于使用的光源为白光，常常会引起相位的变化。为了取得良好的相差效果，相差显微镜通常要使用波长范围较窄的单色光，可以采用绿色滤光片对光源波长进行调整。

（2）相差显微镜使用中的注意问题

① 对于相差显微镜，视场光阑与聚光器的孔径光阑，必须全部开大，并且光源要强一些。因为环状光阑会遮掉大部分光，而且物镜相板上共轭面又吸收大部分光。

② 晕轮和渐暗效应。在相差显微镜的成像过程中，当某一位置的结构由于相位的延迟而变暗的时候，并不是光的损失，而是光在像平面上重新分配的结果。因此，在黑暗的区域明显消失的光，会在较暗物体的周围出现一个明亮晕轮，这就是相差显微镜的缺点，它会妨碍对精细结构的观察；并且当环状光阑很窄时，这个晕轮现象会变得更严重。相差显微镜的另外一个现象是渐暗效应。这个指的是当相差观察相位延迟相同的较大区域时，该区域的边缘会出现反差下降的现象。

③ 样品厚度一般以 $5 \sim 10 \mu m$ 为宜，否则会引起其他光学现象，影响成像质量。当采用较厚的测试样品时，对于其观察结果，样品的上层是清楚的，深层则会模糊不清且会产生相位移干扰及光的散射干扰。

④ 载玻片、盖玻片的厚度应遵循标准，不能过薄或过厚。当存在划痕、厚薄不匀或凹凸不平时，会产生亮环歪斜及相位的干扰；玻璃片过厚或过薄时，会使环状光阑亮环变大或变小。

（3）相差显微镜在高分子科学中的应用

高分子合金中的不同组分折射率存在差异，可采用相差相微镜对其相结构进行观察，此时适用的折射率差值一般需在 $0.002 \sim 0.004$ 以上。事实上，大多数高分子共混体系的结构更为复杂，可能出现过渡态或几种形式共存。尤其对于一种能结晶或者两种都能结晶的共混体系，在其聚集态结构又增加晶区和非晶区结构，情况更复杂。由于光线透过结晶高分子试样时，在其晶相和非晶相之间存在相位差，因此也可用相差显微镜观察。

三、实验用品

实验仪器：XSZ-H7 相差生物显微镜，真空烘箱，25mL 容量瓶 2 个，10mL 容量瓶 5 个，载玻片，盖玻片。

试样：聚苯乙烯，聚甲基丙烯酸甲酯，甲苯。

其中一台相差显微镜配有 CCD 照相机，与电脑联机，可以记录合金薄膜的织态结构。

四、实验步骤

（1）制样

① 采用溶液共混的方法制备一系列聚苯乙烯和聚甲基丙烯酸甲酯的混合甲苯溶液。首先将 12.5mg 的聚苯乙烯和 12.5mg 聚甲基丙烯酸甲酯分别溶于 25mL 的甲苯溶液中，得到浓度为 0.5mg/mL 的聚苯乙烯甲苯溶液和聚甲基丙烯酸甲酯甲苯溶液；按 PS：PMMA＝1：9、PS：PMMA＝3：7、PS：PMMA＝5：5、PS：PMMA＝7：3、PS：PMMA＝9：1 于 10mL 容量瓶内配制聚苯乙烯和聚甲基丙烯酸甲酯的混合甲苯溶液。例如，分别吸取 1mL 0.5mg/mL 的聚苯乙烯甲苯溶液和 9mL 0.5mg/mL 的聚甲基丙烯酸甲酯甲苯溶液放入 10mL 的容量瓶中混合均匀。

② 制备合金薄膜样片。

● 用滴管吸取上述混合溶液滴几滴于干净的载玻片上，铺展开来，使甲苯溶液自然挥发完全，再置于真空烘箱中干燥 1h。

● 用滴管吸取上述混合溶液滴几滴于干净的载玻片上，铺展开来，盖上盖玻片，置于真空烘箱中于 120℃退火处理 2h。

（2）显微观察

① 接通相差显微镜电源，把光源亮度调整到合适强度。

② 把待观察的载玻片样品放到载物台上，选择 10 倍数的物镜，并选用与物镜配套的环状光阑，将物镜调到较接近于试样。

③ 取出一个目镜，插入合轴望远镜，调节望远镜聚焦螺旋使之能清楚观察到物镜相板与环状形光阑的像，将环状光阑调整到与相板同心（图 3-14）；取下对合轴望远镜，换上显微镜目镜。

④ 聚集观察，调节显微镜载物台的上下调节钮，先粗调（眼睛从侧面看着物镜端部，注意不要让物镜碰到样品），再细调到能清晰观察到样品。可利用工作台纵向、横向移动手轮来移动样品，观察不同区域的分相情况。

⑤ 观察、对比不同配比的样品在相态结构上的区别。

（3）数据处理

对不同 PS/PMMA 样品的相态结构进行描述，并指出分散相的尺寸。

五、思考题

（1）相差显微镜是根据试样的何种性质进行观察的？

（2）相差显微镜的主要缺点是什么？

（3）当载玻片或盖玻片有厚薄不匀等缺陷时，为什么说对相差显微镜观察的影响比普通显微镜大？

参 考 文 献

[1] 张留成等．高分子材料基础．北京：化学工业出版社，2007.
[2] 何曼君等．高分子物理．上海：复旦大学出版社，2001.

（叶林忠）

实验 29　金相光学显微镜的构造及使用方法

一、实验目的

（1）了解金相显微镜的结构及原理。

（2）熟悉并掌握金相显微镜的使用与维护方法。

二、实验原理

（1）金相显微镜的基本原理

显微镜的简单基本原理如图 3-15 所示。它包括两个透镜：物镜和目镜。对着被观察物体的透镜，叫做物镜；对着人眼的透镜，叫做目镜。被观察物体 AB，放在物镜前较焦点 F_1 略远一点的地方。物镜使物体 AB 形成放大的倒立实像 A_1B_1，目镜再把 A_1B_1 放大成倒立的虚像 $A_1'B_1'$，它正好处在人眼明视距离处，即距人眼 250mm 处。人眼通过目镜看到的就是这个虚像 $A_1'B_1'$。

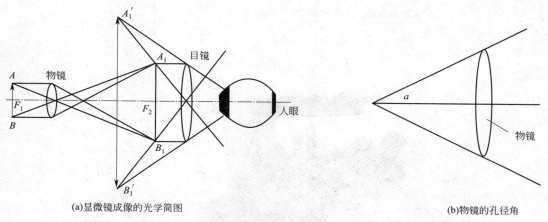

(a)显微镜成像的光学简图　　　　　　　　(b)物镜的孔径角

图 3-15　显微镜的简单基本原理

显微镜的主要性能如下。

① 显微镜的放大倍数。

显微镜的放大倍数等于物镜和目镜单独放大倍数的乘积，即显微镜放大倍数 $M = M_物 \times M_目$。物镜和目镜的放大倍数刻在嵌圈上，如 10X、20X、45X 分别表示放大 10 倍、20 倍、45 倍。

② 显微镜的鉴别率。显微镜的鉴别率是指能清晰地分辨试样上两点间最小距离 d 的能力，d 值越小，鉴别率就越高。鉴别率是显微镜的重要性能，它决定于物镜数值孔径 A 和所用的光线波长 λ，可用下式表示：

$$d = \frac{\lambda}{2A}$$

式中　λ——入射光线的波长；

　　　A——物镜的数值孔径。λ 越小，A 越大，则 d 越小。光线的波长可通过滤色片来选择。蓝光的波长（$\lambda = 0.44\mu$）比黄绿光的波长大 25%。当光线波长一定时，可改变物镜数值孔径来调节显微镜的鉴别率。

③ 物镜数值孔径。数值孔径表示物镜的集光能力，其大小为：

$$A = n\,\mathrm{Sin}\alpha$$

式中　n——表示物镜与试样之间介质的折射率；

α——表示物镜孔径角的一半［图 3-15(b)］。n 越大或 α 角越大，则 A 越大。由于 α 总是小于 90°，当介质为空气时（$n=1$），A 一定小于 1；当介质为松柏油时（$n=1.5$），A 值最高可达 1.4。物镜上都刻有 A 值，如 0.25、0.65 等。

（2）金相显微镜的构造

金相显微镜的种类很多，但最常见的有台式、立式和卧式三大类。其构造通常均由光学系统、照明系统和机械系统三大部分组成。有的显微镜还附带照相装置和暗场照明系统等。现以国产 XJP-200 型金相显微镜为例进行说明，其主要结构如图 3-16 所示。

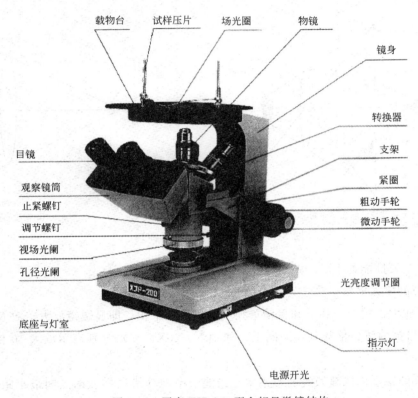

图 3-16　国产 XJP-200 型金相显微镜结构

（3）显微镜的操作规程

金相显微镜是一种精密光学仪器。在使用时要求细心和谨慎，严格按照使用规程进行操作。

① 将显微镜的光源插头接在低压（6～8V）变压器上，接通电源。

② 根据放大倍数，选用所需物镜和目镜，分别安装在物镜座上和目镜筒内，旋动物镜转换器，使物镜进入光路并定位（可感觉到定位器定位）。

③ 将试样放在样品台上的中心，使观察面朝下并用弹簧片压住。

④ 转动粗调手轮，先使镜筒上升，同时用眼观察，使物镜尽可能接近试样表面（但不得与之相碰），然后反向转动粗调手轮，使镜筒渐渐下降以调节焦距。当视场亮度增强时，再改用微调手轮调节，直到物像最清晰为止。

⑤ 适当调节孔径光阑和视场光阑，以获得最佳质量的物像。

⑥如果使用油浸系物镜，可在物镜的前透镜上滴一些松柏油，也可以将松柏油直接滴在试样上。滴油镜头用完后，应立即用棉花蘸二甲苯溶液擦净，再用擦镜纸擦干。金相显微镜操作注意事项如下。

① 操作应细心，不能有粗暴和剧烈动作，严禁自行拆卸显微镜部件。

② 显微镜的镜头和试样表面不能用手直接触摸。若镜头中落入灰尘，可用镜头纸或软毛刷轻轻擦拭。

③ 显微镜的照明灯泡必须接在 6～8V 变压器上，切勿直接插入 220V 电源，以免烧毁灯泡。

④ 旋转粗调和微调手轮时，动作要慢，碰到故障应立即报告，不能强行用力转动，以免损坏机件。

三、实验步骤

（1）实验前必须仔细阅读实验讲义有关内容。

（2）了解金相显微镜的构造、原理及使用要求。

（3）熟悉金相显微镜的放大倍数与数值孔径、鉴别能力之间的关系。

（4）用金相显微镜观察试样的显微组织特征。

四、思考题

（1）什么是金相显微镜的有效放大倍数？如何合理选择物镜和目镜？

（2）利用金相显微镜观察试样时，为什么要进行调焦，如何正确调焦？

参 考 文 献

[1] 陈洪玉. 金相显微分析. 哈尔滨：哈尔滨工业大学出版社，2013.

（孙瑞雪）

实验 30　铁碳合金平衡组织观察

一、实验目的

（1）了解铁碳合金在平衡状态下的显微组织。

（2）分析成分对铁碳合金显微组织的影响，从而加深理解成分、组织与性能之间的相互关系。

二、实验原理

铁碳合金的显微组织是研究和分析钢铁材料性能的基础，所谓平衡状态下的显微组织是指合金在极为缓慢的冷却条件下（如退火状态，即接近平衡状态）所得到的组织。我们可根据 Fe-Fe₃C 相图来分析铁碳合金在平衡状态的显微组织。铁碳合金的平衡组织主要是指碳钢和白口铸铁组织，其中碳钢是工业上应用最广泛的金属材料，它们的性能与其显微组织密切有关，而且有助于加深对 Fe-Fe₃C 相图的理解。

从 Fe-Fe₃C 相图可以看出，所有碳钢和白口铸铁的室温组织均由铁素体（F）和渗碳体（Fe₃C）这两个基本相所组成。但是，由于含碳量不同，铁素体和渗碳体的相对数量、析出条件以及分布情况均有所不同，因而呈现各种不同的组织形态，如表 3-4 所示。

表 3-4　各种铁碳合金在室温下的显微组织

名称	类型	含碳量/%	显微组织	浸蚀剂
碳	工业纯铁	<0.02	铁素体	4%硝酸乙醇溶液
	亚共析钢	0.02～0.8	铁素体＋珠光体	4%硝酸乙醇溶液
	共析钢	0.8	珠光体	4%硝酸乙醇溶液
钢	过亚共析钢	0.8～2.06	珠光体＋二次渗碳体	苦味酸钠溶液,渗碳体变黑或呈棕红色
白口铸铁	亚共晶白口铁	2.06～4.3	珠光体＋二次渗碳体＋莱氏体	4%硝酸乙醇溶液
	共晶白口铁	4.3	莱氏体	4%硝酸乙醇溶液
	过共晶白口铁	4.3～6.67	莱氏体＋一次渗碳体	4%硝酸乙醇溶液

三、实验用品

（1）金相显微镜。

（2）标准铁碳合金的金相显微样品。

四、实验步骤

（1）工业纯铁的显微组织（含碳量<0.02%）。

（2）亚共析钢 20 钢的显微组织。

（3）亚共析钢 45 钢的显微组织。

（4）T8 的显微组织。

（5）T12 的显微组织。

（6）铸铁的显微组织。

（7）实验报告内容如下。

① 明确本次实验目的。

② 画出所观察过的组织，并注明材料名称、含碳量和放大倍数。显微组织图应画在直径 30mm 的圆内，并将组织组成物名称以箭头引出标明。

③ 根据所观察的显微组织近似地确定和估算一种亚共析钢的含碳量。

④ 总结铁碳合金组织随含碳量变化的规律。

五、思考题

（1）随着含碳量的增加，铁碳合金的组织有何改变？
（2）随着含碳量的增加，铁碳合金的性能有何改变？

参 考 文 献

[1]　曹欢玲，许卫群．铁碳合金平衡组织观察实验的教学探讨．实验技术与管理，2009，26（8）：134-136.
[2]　人力资源和社会保障部教材办公室．金属材料及热处理．北京：中国劳动社会保障出版社，2011.

（王桂雪）

实验 31　金属塑性变形与再结晶观察

一、实验目的

（1）了解显微镜下滑移线、变形孪晶和纤维组织的特征。
（2）了解冷塑性变形对金属组织和性能的影响。
（3）讨论冷加工变形对再结晶晶粒大小的影响。

二、实验原理

金属的重要特性之一就是具有塑性。当金属所受外力超过其屈服点时，除继续发生弹性变形外，同时还发生永久变形，又称塑性变形。它主要通过滑移和孪生方式进行。塑性变形的结果不仅使金属的外形、尺寸改变，而且使金属内部的组织和性能也发生变化。

（1）滑移带

滑移是金属塑性变形的基本方式。晶体滑移时沿滑移面、滑移方向产生相对滑动，在自由表面处产生台阶，大量滑移台阶的积累就构成宏观塑性变形。通过光学显微镜观察已变形的抛光试样，就能见到许多平行线条，即为滑移带。

（2）孪晶

孪生通常是晶体难以滑移时而进行的另一种塑性变形方式。孪生变形就是晶体的一部分沿着一定晶面和晶向进行剪切变形，从而使已变形部分与未变形部分的原子排列构成镜面对称，此称为孪晶。由于晶体两部分位向不同，受侵蚀程度有异，对光的反射能力也明显不同，故在显微镜下能看到形变孪晶。

（3）纤维组织

金属在变形前内部组织为等轴晶粒。随着变形量的增加，晶粒逐渐沿变形方向伸长，并最后被显著地拉成纤维状，这种组织称为冷加工纤维组织。

（4）加工硬化

由于金属冷塑性变形，导致亚结构进一步细化，位错密度增大，最终使其强度、硬度提高，而塑性、韧性下降，该现象称为加工硬化。

金属经冷塑性变形后，在热力学上处于不稳定状态，必有力求恢复到稳定状态的趋势。但在室温下，由于原子的动能不足，恢复过程不易进行，加热会提高原子的活动能力，也就促进这一恢复过程的进行。加热温度由低到高，其变化过程大致分为回复、再结晶和晶粒长大三个阶段。冷变形金属再结晶后晶粒大小除与加热温度、保温时间有关外，还与金属的预先变形量有关。

三、实验用品

（1）金相显微镜。
（2）标准试样。

四、实验步骤

（1）写出实验目的、内容。
（2）画出所观察样品的显微组织示意图。
（3）简要解释和讨论变形度对金属再结晶晶粒大小的影响。

五、思考题

变形度对金属再结晶晶粒大小有何影响？

参 考 文 献

[1] 丁文溪. 工程材料及应用. 北京：中国石化出版社，2013.
[2] 赵朝文. 纯铝塑性变形及再结晶规律的实验研究. 中国石油大学学报：自然科学版，1992，（3）：66-70.

（孙瑞雪）

实验 32 单晶 X 射线衍射分析实验

一、实验目的

（1）学习四圆单晶 X 射线衍射仪的仪器构造、工作原理和操作过程。
（2）掌握四圆单晶 X 射线衍射仪的用途。
（3）了解通过软件确定晶体结构的过程。
（4）掌握单晶 X 射线衍射仪与粉末 X 射线衍射仪的区别。

二、实验原理

（1）X 射线及其产生的原理

X射线是1895年由伦琴发现的，它具有如下几个特征：①肉眼不能观察到，但可以使照相底片感光、荧光板发光和使气体电离；②能透过可见光不能透过的物体；③这种射线沿直线进行，在电场与磁场中不偏转；④对生物有很强烈的生理作用。X射线的产生是由于快速运动的电子在样机靶面突然停止的结果，每一个电子将其动能的一部分变成热能，一部分转化成X射线光子。

（2）四圆单晶X射线衍射仪的组成及工作原理

四圆单晶X射线衍射仪（Enraf-Nonius CAD4）的组成主要包括以下内容。

① X射线发射器。主要包括X射线管、高压发生器、冷却系统和真空系统。

② 测角装置。包括测角仪、样品座、探测器。测角仪是衍射仪的心脏，其制造精度直接影响θ值的测量精度。

③ 控制及数据处理系统。主要用于仪器各种条件的设定、数据储存以及处理解析。四圆单晶X射线衍射仪由计算机控制，自动利用三个圆将各个方向的衍射转到水平的2θ圆上，然后用位于第四个圆（2θ）上的探测器进行强度收集，因此它能将衍射线的方向（四个圆的角度值）和强度（I）准确地收集起来。

四圆单晶X射线衍射仪的工作原理如下。

根据布拉格公式$2d\sin\theta=\lambda$可知：对于一定的晶体，面间距d一定，有两种途径可以使晶体面满足衍射条件，即改变波长λ或改变掠射角θ。X射线照射到某矿物晶体的相邻网面上时，会发生衍射现象。两网面的衍射产生光程差$\Delta L=2d\sin\theta$。当ΔL等于X射线波长的整数倍$n\lambda$（n为1、2、3…，λ为波长）时，即当$2d\sin\theta=n\lambda$时，干涉现象增强，从而反映在矿物的衍射图谱上。不同矿物具有不同的d值。X射线分析法就是利用布拉格公式，并根据X射线分析仪器的一些常数和它所照出的晶体结构衍射图谱数据，求出d，再根据d值来鉴定被测物。

三、实验用品

使用四圆单晶X射线衍射仪收集晶体衍射数据以及进一步确定晶体结构的过程主要包括：挑选样品、上机、确定晶胞参数、设定参数进行数据收集、数据还原、结构解析。以下分别进行介绍。

（1）挑选样品

挑选合适上机的单晶样品对于收集出有效的数据，准确确定出最后的晶体结构是至关重要的。挑选样品主要注意以下两点。

① 晶体的质量。质量好的晶体一般符合以下几个条件：透明，没有裂痕，表面干净，有光泽。

另外，还要注意晶体的稳定性。对于不稳定晶体，可以选择在低温条件下进行测试。如果一个晶体由很多个微小晶体组成，那是不能用来解析的。

② 晶体大小。晶体大小是一个很重要的因素。理想的晶体大小取决于：晶体的衍射能力和吸收效应程度，所选用射线的强度以及衍射仪探测器的灵敏度。晶体的衍射能力和吸收效应程度取决于晶体所含元素种类与数量。一条粗略的原则：晶体中原子越重（比如含金

属），则所选晶体尺寸就应该越小。晶体中原子越轻（比如纯有机化合物），晶体尺寸应该越大。不同仪器对于晶体大小要求也不一样。

- 对于固定靶的四圆衍射仪。纯有机物 0.3～1.0mm；金属配合物或者金属有机化合物 0.1～0.6mm；纯无机物 0.1～0.3mm。
- 对于 CCD 或者 IP 衍射仪。纯有机物 0.1～0.5mm；金属配合物或金属有机化合物 0.1～0.4mm；纯无机物 0.05～0.2mm。

（2）上机

将挑选好的单晶样品按照图 3-17 的方式正确粘贴到样品管上。

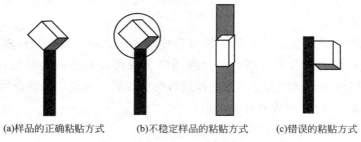

(a)样品的正确粘贴方式　　　(b)不稳定样品的粘贴方式　　　(c)错误的粘贴方式

图 3-17　单晶样品的粘贴方式

将粘贴好样品的样品台装到衍射仪的样品台上。通过显微镜反复调整样品台位置，直到样品中心位于中心点上。

（3）确定晶胞参数

收集不同方向的 25 个衍射点，通过计算得到正确的晶胞参数。

（4）设定参数进行数据收集

根据上一步确定的晶胞参数，确定晶体晶系。根据晶系来设定数据收集时的参数，包括监测点、HKL 起始值等。

（5）数据还原

将收集得到的数据在 PC 机上用不同还原程序进行还原，得到晶体解析所用的 HKL 文件以及正确的晶胞参数文件 LIS。

（6）结构解析

在 PC 机上，使用 SHELXTL 程序确定所测物质的正确结构。

四、实验步骤

当有了计算机控制的全自动四圆衍射仪之后，采用计算机技术测量衍射强度和自动结构解析程序会使结构解析方法在精度和速度方面有很大提高，趋于常规化、程序化。但是，只有通过巧妙的实验技巧和基础知识的灵巧应用，才能得到事半功倍的效果。影响四圆单晶 X 射线衍射仪数据精度的因素主要如下。

（1）入射 X 射线的调试

测角仪的重要技术指标之一，是四个圆的轴交点偏差大小。几种最新型号四圆衍射仪轴

支点偏差均小于 $10\mu m$。使用者安装测角仪时，首先要对光，使入射 X 射线光束对准测角仪中心位置。这一步骤直接影响数据质量，必须精心完成。

（2）晶体的选择和处置

晶体的选择十分重要，切不可忽视。晶体在衍射仪上的对心也十分重要，否则会产生较大的系统误差。在整个数据收集过程中，要保证晶体围绕测角仪的中心位置运动。对于在空气中不稳定的晶体，必须加以保护。

（3）参数的设定

参数的选择包括 $2\theta max$ 峰的扫描范围、准直器孔径、接受狭缝孔径、扫描速度、背景扫描时间和位置及标准参数反射等。只有准确设定参数，才能得到有效数据。

五、思考题

（1）四圆单晶 X 射线衍射仪的工作原理是什么？
（2）怎样挑选合适上机的晶体？
（3）影响测试精度的因素有哪些？

参 考 文 献

[1] 王哲明，严纯华. 单晶 X 射线衍射技术的进展评述. 现代仪器与医疗，2001，(6)：1-8.
[2] 张俊. 单晶 X 射线衍射结构解析. 合肥：中国科学技术大学出版社，2017.

（肖海连）

实验 33 能谱仪原理及成分分析实验

一、实验目的

（1）了解 X 射线能谱仪的工作原理。
（2）能够熟练掌握利用 X 射线能谱仪对样品进行成分分析的方法。
（3）掌握能谱仪的一般操作规程。

二、实验原理

INCA X 射线能谱仪组成如图 3-18 所示。从图 3-18 中可看出：现在的 INCA 系统使用两个独立的小机箱。其中，X-stream 包含了数字脉冲处理器，Mics 为与 SEM/TEM 的图像接口。

由电子枪发射出的高速电子照射样品时，如其能量足以使样品原子的内层电子电离，且有较高能级的电子跃迁而填补空位，则可能产生弛豫电磁辐射，这就是特征 X 射线。通过能谱仪可以利用这种特征信号进行样品的元素分析。同时，也可在分析仪器中选择一定的 X 射线能量窗口，将有关信号返回到电镜的显像管上，从而得到样品中某元素的分布图。由于存在 X 射线的初级和次级辐射，在块状样品中这种信号的产区较大，可达 μm 量级。

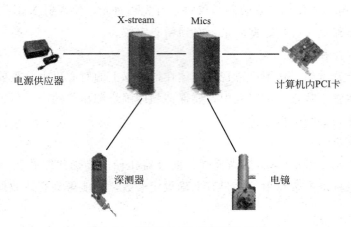

图 3-18　INCA X 射线能谱仪组成

样品 X 射线信号如果被半导体探测器检测到的话，在探测器两端，所得到的电荷脉冲的信号就经过前置放大器积分而成电压信号，接着加以初步放大后，主放大器就可以将此信号整形处理并进一步放大，最后再输入到所谓多道脉冲幅度分析器中进行分析，可以按照脉冲电压幅度的大小来进行分类以及累计，以 X 射线计数相对于 X 射线能量之间的分布图形式显示出来。最后，应用软件可以在各道采集到能谱信号数据的同时，还可以进行峰处理，工作参数和谱图数据可以随时存取。采用具有标样法、无标样法等定量分析方法，可随时改变工作参数，重新处理储存在盘上的谱图数据以获取最佳结果，提供对结果的处理和编辑功能。所有操作过程采用下拉菜单和对话框方式。

三、实验用品

JSM-6700F 型冷场发射扫描电镜、能谱仪 INCA。实验样品。

四、实验步骤

（1）在电镜窗口中将所感兴趣的扫描区域放大至合适倍数。

（2）打开能谱仪主机后面开关，随后打开能谱软件，点击 INCA。

（3）调整扫描电镜工作参数以达到能谱仪工作要求。主要包括相应的工作距离、工作电压等扫描参数。

（4）在电镜图像上选择需要分析的区域，开始采集。

（5）采集完成后，点击结束按钮并加载感兴趣元素，进行定量分析。

（6）打开结果窗口对元素扫描结果进行分析，并将扫描结果存为 Word 文档。

五、思考题

（1）能谱仪的工作原理及主要组成部分是什么？

（2）INCA 能谱仪有哪三种成分分析扫描模式？

（3）能谱仪与波谱仪的区别有哪些？

参 考 文 献

[1]　焦汇胜，李香庭．扫描电镜能谱仪及波谱仪分析技术．长春：东北师范大学出版社，2011.
[2]　张大同．扫描电镜与能谱仪分析技术．广州：华南理工大学出版社，2009.

（张乾）

实验 34　激光粒度仪测定粉体粒度分布

一、实验目的

（1）掌握粒度分布的概念。
（2）了解激光粒度仪的工作原理。

二、实验原理

（1）激光粒度仪外形结构如图 3-19 所示。

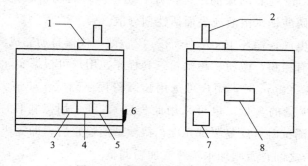

图 3-19　激光粒度仪外形结构

1—分散槽；2—机械搅拌器；3—超声波开关（UW）；4—电磁阀开关（OUT）；5—循环泵开关（PUMP）；

6—总电源开关（POWER）；7—交流电源输入；8—专用接口输入端

（2）激光粒度仪的技术原理如图 3-20 所示。根据光学衍射和散射原理，光电探测器把检测到的信号转换成相应的电信号，在这些电信号中包含有颗粒粒径大小及分布的信息。电信号经放大后，输入到计算机，计算机根据光电探测器测得的光能值，求出粒度分布的有关数据并将全部测量结果显示、保存和打印输出。

（3）仪器测试数据介绍

① 体积频度分布，即相邻粒径之间含量所占百分比。

② 体积累积分布，即相应粒径以下的含量所占百分比。

③ 50%粒径。该粒径以下的含量所占百分比含量为 50%（10%粒径、90%粒径、97%粒径与此类似）。

④ 平均粒径。所测粉体的平均粒径。

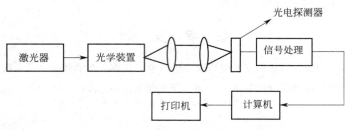

图 3-20　激光粒度仪的技术原理

三、实验用品

激光粒度仪，待测粉体。

四、实验步骤

（1）按下排水开关，在分散槽内倒入 1/2～3/5 深度的自来水，开启循环泵，充分排除气泡。

（2）按"2"键，测试仪器空白状态（如仪器状态需调整，将提示按"0"键）。

（3）加入 0.1～1.5g 左右的被测试样，开启超声波，启动机械搅拌器，分散 15～60s，必要时加入几滴六偏磷酸钠水溶液或表面活性剂分散。

（4）开循环系统电源，循环 15s 左右，按"Z"键，仪器自动完成测试。

（5）仪器同时配有粗粉、微粉、超微粉三套程序，用户可根据实际情况选用。如用粗粉程序测试，最大粒径≤20μm 时，用户可选用超微粉程序测试。如最大粒径＜36μm（有时36～48μm 之间有很少量的含量，也可采用此程序），可采用微粉程序。最大粒径＞48μm 时，采用粗粉程序。测试时可反复测试几次，待测试值稳定后，即完成测试。测试过程中浓度最好控制在 50～85 之间；否则加水稀释或加粉调整。

（6）如需要打印测试数据，可接通打印机电源，按"5"键。

（7）如要观察曲线，按"3"键；如要打印曲线，按"6"键。

（8）如测试数据要存盘，可按"D"键，输入文件名后，按回车键即可。

（9）测试完毕后，提起搅拌器，用水清洗三次；再次测试时，可重复进行以上各步骤。

实验结果与数据处理过程如下。

几何标准偏差　　　　　　　　$\sigma_g = D_{84.13}/D_{50} = D_{50}/D_{15.87}$

个数长度平均径　　　　　　　$D_{nl} = D_{50}\exp(0.5\ln^2\sigma_g)$

表面积体积平均径　　　　　　$D_{sv} = D_{50}\exp(2.5\ln^2\sigma_g)$

将计算所得的两个平均径与仪器给出的平均径作比较，得出仪器平均径的测量依据。

五、思考题

颗粒粒径和晶粒尺寸有无差别？

参 考 文 献

[1]　赵蓉旭，滕令坡，敖国龙 . 用马尔文 MS2000 激光粒度分析仪测定颜填料粉体粒度 . 中国涂料，2014，29（3）：64-69.

[2]　马尔文仪器有限公司 . 马尔文 MS 2000 激光粒度分析仪使用手册 . 郑州：黄河水利出版社，2001.

（李斌）

第四章 ▸▸▸

材料性能测试实验

实验 35　粉体样品相对密度测定——比重瓶法

一、实验目的

掌握用比重瓶法测定试样相对密度。

二、实验原理

密度为单位体积物质的质量。把已知质量的试样放入比重瓶中，加入测定介质，并确保介质能完全润湿试样，试样表面不能有气泡存在。在一定温度下，试样的体积可以由比重瓶体积减去分散介质体积求得。介质体积可由已知密度和质量求得。

本方法是测定固体相对密度的通用方法。对于颗粒内部存在闭口孔隙的样品必须研磨，使闭口孔隙全部开放，否则不适用。对多孔（开口孔隙）样品一定要使介质完全渗入孔隙，将孔隙内气体全部置换排出，否则实验结果会明显偏低。

三、实验用品

电子分析天平，恒温水浴，比重瓶，测定介质，待测粉体样品。

测定介质要选择与待测样品表面接触角近似为零的测定介质，以确保对样品能完全润湿。大多数无机样品可以用蒸馏水。若水对样品润湿欠佳，可允许在测定介质中加 1 滴润湿剂（如磁化油等）。对于表面是非极性的样品，可选用无水二甲苯或无水煤油。测定介质应纯净，对样品不溶解、不溶胀，更不能起反应。

四、实验步骤

（1）准确称量 2～5g（精确到 0.1mg）已干燥样品加入到已知质量的干燥比重瓶中，然后注入部分测试介质，轻微振荡使试样充分润湿，并赶尽试样所吸附的气泡。

（2）继续用测定介质充满比重瓶，盖严瓶盖，瓶塞毛细管应充满测定介质，不得有气泡。

（3）将比重瓶放入恒温水浴中，23℃，恒温 10min，取出，用滤纸擦干比重瓶外表面水分。

（4）将同一比重瓶清洗，干燥后用纯测定介质充满，按步骤（3）的方法校正空比重瓶体积。

数据处理及实验结果如下。

① 比重瓶体积 $V(cm^3)$ 按式（4-1）求其准确值

$$V = (m_1 - m)/\rho_0 \tag{4-1}$$

式中，m_1 为经恒温后充满测定介质的比重瓶的质量（g）；m 为比重瓶的质量（g）；ρ_0 为测定温度下的介质密度（$g \cdot cm^{-3}$）。

② 装有样品和介质的比重瓶中介质的体积 $V_1(cm^3)$ 按式（4-2）计算

$$V_1 = (m_2 - m_3)/\rho_0 \tag{4-2}$$

式中，m_2 为样品＋介质＋比重瓶恒温后的质量（g）；m_3 为样品＋比重瓶的质量（g）。

③ 按式（4-3）求样品相对密度 $\rho(g \cdot cm^{-3})$

$$\rho = (m_3 - m)/(V - V_1) \tag{4-3}$$

④ 根据两平行样的密度求其平均值，并注明误差范围和测试温度。

五、思考题

比重瓶法测定试样相对密度的优缺点有哪些？

参 考 文 献

[1] 陈泉水，郑举功，任广元．无机非金属材料物性测试．北京：化学工业出版社，2013.

（李斌）

实验 36 粉体样品的白度测定

一、实验目的

（1）了解白度的概念和测定原理。
（2）掌握白度仪的操作和测试方法

二、实验原理

白度是指材料表面对可见光无选择性反射（漫反射）的能力。反射光与入射光比值为 1 时，理想完全漫反射的白度为 100，反射比为零的绝对黑体的白度为 0。白度测量是测定物体漫反射绝对值。红、绿、蓝三种颜色被称为三原色，三原色是独立存在的，不能由其他两色相混而得，但可以用不同数量三原色匹配成对人视觉上等效，但光谱组成不一致的"同色异谱"的其他任何颜色。匹配某特定颜色所需的三原色数量叫做三刺激值。白度仪的工作原理就是用三原色照射样品表面，测量反射光的三刺激值，按照一定的公式计算样品白度。根据测定要求和样品不同，白度有多种不同的表示方法：

甘茨白度（Ganz）　　　　$W_G = Y - 800x - 1700y + 813.7$

亨特（Hunter）白度　　　$W_H = 100 - [(100-L)^2 + a^2 + b^2]^{1/2}$

兰光白度　　　　　　　　　　　$F457 = R457$

国家标准 GB/T 5950—2008 所规定的其他白度公式。

由于白度计算公式不一致，白度数据会有差别，因此在测试报告中必须注明是哪种白度。上述概念及计算公式只是让读者了解白度测量的原理及有关名词的意义，目前国内产白度仪和色度仪测量后不但给出三刺激值 X、Y、Z，而且附属的计算机将上述公式计算的 $F457$、L^*、a^*、b^*、W_h、W_G、T_w 以及与标准样比较的色差值 ΔE_{ab}^* 直接显示。本实验方法适用于各种粉末产品和固体样品，包括无机粉体、陶瓷、纸张和各种白色织物的白度测量。

三、实验用品

烘箱、标准筛、WSD-3 型全自动光电积分式白度仪、待测粉体。

四、实验步骤

（1）试样处理。被测粉体样于 102℃烘干 24h（水分含量高会降低白度）。测试前均需研磨并过筛后备用。

（2）制样。取已处理过的粉末试样放入压样器中，压制成表面平整、无纹理、无疵点、无污点的试样板，以备测量。

（3）仪器预热。插接好电源，打开电源开关，显示屏出现预热字样并开始从 10min 起倒计时；到预热 10min 后鸣响器响，仪器进入调整状态。

（4）仪器调整。调零，预热完后，仪器显示屏首先提示进入调零状态。这时将把黑筒口向上对准光孔，松开手使黑筒压紧，按"ZERO"按钮，调零自动进行，直到鸣响器响，调零结束。显示屏提示可进行调白操作。

调白时按调零的操作方法，用标准白板换下黑筒，并按一下"WHITE"按钮，调白自动进行，直到鸣响器响，调白结束。仪器调整完成，可进入测量状态。

（5）样品的测量。将已制好的试样放在样品台上，对准光孔压住（小心不要损坏试样测试面），按一下测量键" MEASU"，仪器进行自动测量。

（6）结果显示

测量完成后，按"DISP"键，每按一次显示一组数据，并列表如下。

第一组数据　　　　　　　$X，Y，Z$

第二组数据　　　　　　　L^*，a^*，b^*

第三组数据　　　　　　　W_h，W_G，W_j…等

实验结果要求给出：

① 样品的 Hunter 白度 W_h，数值越高，样品越白。

② 样品的色调（偏什么颜色）。按 $h_{ab} = \arctan(b^*/a^*)$ 式计算样品色调角，从仪器给出的均匀色度图中查出样品色调。

$a^* > 0$，$b^* > 0$，h_{ab} 由 0°～90°，试样由红色～黄色。

$a^* < 0$，$b^* > 0$，h_{ab} 由 90°～180°，试样由黄色～绿色。

$a^* < 0$，$b^* < 0$，h_{ab} 由 180°～270°，试样由绿色～蓝色。

$a^* > 0$，$b^* < 0$，h_{ab} 由 270°～360°，试样由蓝色～红色。

③ 样品的彩度 $C_{ab}^* = (a^{*2} + b^{*2})^{1/2}$

对于白色物质，$C_{ab}^* < 3.0$ 时为中性白，$C_{ab}^* > 3.0$ 时为偏色白，彩度越大，说明白色物质所含某种淡色调越严重。

五、思考题

白度的定义是什么？

参 考 文 献

[1]　国家发展和改革委员会.中华人民共和国有色金属行业标准：氧化铝、氢氧化铝白度测定方法（YS/T 469—2004）.北京，2004.

[2]　陈泉水，郑举功，任广元.无机非金属材料物性测试.北京：化学工业出版社，2013.

（李斌）

实验 37　碱滴定法测定气相白炭黑比表面积

一、实验目的

(1) 了解碱滴定法测气相白炭黑比表面积的原理。

(2) 掌握其测定方法及适用性。

二、实验原理

白炭黑是无定形二氧化硅，由 Si 和 O 原子组成的巨型分子，通式为 $(SiO_2)_m$。分子由硅氧四面体〔SiO_4〕相互连接组成网状巨型分子，所以白炭黑是比表面积很大的多孔团体。在其表面层有许多硅氧断键，因此表面层与体相内部分子结构不同。硅氧断键中氧原子的剩余电价由 H^+ 来平衡使 SiO_2 表面形成许多羟基—OH。

若以 M 代表 SiO_2 的体相，则其与碱反应如下：

$$M\text{—}OH + NaOH \Longrightarrow MONa + H_2O$$

从上式看出，SiO_2 表面羟基显酸性。它可以与碱发生反应，测定反应所消耗的碱量，可测出表面羟基量，而—OH 与 SiO_2 比表面积成正比。所以，采用碱滴定法可以测定 SiO_2 的比表面积。上述反应平衡常数与碱浓度有关，所以反应进行程度与水分散体系的 pH 值有关，因此在碱滴定过程中一定要使反应起点和终点 pH 值一致，这样表面羟基所消耗的碱量才能与样品比表面积成正比关系。

分散介质水本身也发生离解平衡 $H_2O \Longrightarrow OH^- + H^+$。在 SiO_2 水分散体系中，当加入碱，OH^- 一方面与 SiO_2 表面羟基反应被消耗，另一方面体系 pH 值升高也会消耗 OH^-。

为了减少体系消耗 OH^- 的影响，一般选择碱滴定起点 pH=4，终点为 pH=9，在 pH 值中间区域，体系 $[H^+]$ 或 $[OH^-]$ 都很低，与 SiO_2 表面羟基所消耗碱量相比，可忽略不计。

根据碱滴定法测定 SiO_2 表面反应所消耗碱量还很难定量求出 SiO_2 的比表面积。因为 SiO_2 表面羟基密度，—OH 在表面所占面积受环境因素影响，—OH 的横截面积也无准确数据，而且碱滴定的起点和终点 pH 值也是人为规定的。所以，碱消耗量与 SiO_2 比表面积之间的换算比例常数只能用别的方法来测定。一般方法是选用一种气相白炭黑标样，采用 BET 法准确地测定该标样比表面积。将这个标样再用碱滴定方法测定其 pH 值从 4 到 9 时碱的消耗量。因为标样比表面积已知，这样就可求出碱消耗量与比表面积间的定量关系，求出一种换算的经验公式。利用这一经验公式。已知待测样碱滴定数据就可换算出其比表面积值。

三、实验用品

电子分析天平、磁力搅拌器、250mL 量筒、碱式滴定管、烧杯。

NaOH 标准溶液：$0.1mol \cdot L^{-1}$；HCl 标准溶液：$0.1mol \cdot L^{-1}$；NaOH 溶液：$4.3mol \cdot L^{-1}$。

四、实验步骤

(1) 称取干燥样品白炭黑 2.5g，放入 400mL 烧杯中，加入 250mL NaCl 溶液，搅拌均匀。

(2) 将盛有样品的悬浮液烧杯放在磁性搅拌器盘子上，加入磁性搅拌子，将酸度计的复合电极浸入悬浮液中并固定，开动搅拌器，记录悬浮溶液初始 pH 值。

(3) 若初始 pH 值不是 4，则用滴管滴加 HCl 或 NaOH，调节体系 pH 值稳定在 4。这一步用酸或用碱量不用计算。

(4) 当体系 pH 值稳定到 4 后，立即用碱式滴定管滴加 $0.1mol \cdot L^{-1}$ 的 NaCl 标准溶液，滴定速度每秒 2～3 滴。滴定过程搅拌一直在进行，并观察体系 pH 值变化。当 pH 值达到 9，停滴 5min 后体系 pH 值不变动即为终点，记录标准 NaOH 滴加量。比表面积按下式计算：

$$S = 13.86V - 12$$

式中，V 为耗用氢氧化钠标准溶液体积，mL；13.86、12 均为经验数据。

五、思考题

表面积的测试方法有哪些？

参 考 文 献

[1] 潘懋. 滴定法测定气相法白炭黑比表面积的讨论. 化学世界，1993，(8)：380-383.
[2] V. M. Gun'ko，朱兴玲. 气相法白炭黑的形态和表面性质. 炭黑工业，2007，(6)：1-18.

（李斌）

实验 38 粉末接触角的测定

一、实验目的

(1) 学习一种粉末接触角测定方法。
(2) 测定几种液体在氧化铁粉上的接触角。

二、实验原理

在生产和科研实践中，有时需了解液体对固体粉末的润湿性质，因此测定粉末接触角是必要的。但迄今为止，尚无一公认的测粉末接触角标准方法，这不仅是由于接触角滞后现象的存在以及影响接触角的因素繁多，而且测定条件难于完全重复。此外，还有粉末接触角进行测定所具有的间接性。

我们知道已知液体可以在毛细管中上升的推动力主要是由于液体润湿管壁所形成的凹液面，进而引起压力差 ΔP。因此，当所观察液体在固体上接触角刚好小于 90°时，才能发生所谓的毛细上升现象，接着根据已知的 Laplace 公式：

$$\Delta P = (2\gamma\cos\theta)/r \tag{4-4}$$

由上式只要我们得到液体表面张力 γ、毛细管的半径 r 以及测出需要阻止毛细管里面液体上升所需要压力差 ΔP，则可求出来接触角 θ。可将固体粉末缓慢均匀装入一个圆柱形的玻璃管内，那么粉粒间隙之间形成的孔就可看成为许多平均半径为 r 的毛细管。

本实验可以用液体在粉末中所形成的多孔塞中进行毛细上升的速度来计算接触角。

如果一液体由于其毛细作用而渗入半径为 r 的毛细管之中，设在 t 时间内所测液体流过的长度为 L，则可用 Washburn 方程来描述：

$$L^2 = (\gamma r t\cos\theta)/2\eta \tag{4-5}$$

式中，γ 为所测液体的表面张力，而 θ 为所测液体与毛细管壁之间的接触角，η 则为液体的黏度。最后将式(4-5)应用于粉末形成的孔，则有：

$$h^2 = [(C_r)\gamma t \cos\theta]/2\eta \tag{4-6}$$

式中，r 为所测粉末的孔毛细管平均半径；C 为毛细管因子常数，而 h 为液面在不同 t 时刻的上升高度，即当粉末的堆积密度为恒定时的 C_r 为定值。

可先选择一个已知的表面张力或者黏度，而且能够完全润湿粉末，即 $\theta=0$ 的液体来进行实验。当测出不同时间的液面上升高度 h，作出 h^2-t 图，可得一直线。然后根据式(4-6)，再由直线斜率可以求出 C_r，即为仪器常数。同时，在保持相同的粉体堆积密度等条件下，再测定其他待测液体在此粉末之多孔塞中的 h^2-t 关系，按照式(4-6)求得接触角 θ。当然，待测液体的表面张力 γ 和黏度 η 应为已知值。

三、实验用品

长约 15cm、直径约 0.8cm 的玻璃管、秒表、烧杯、氧化铁粉、蒸馏水、丙酮。

四、实验步骤

(1) 将选好的玻璃管洗净，两端磨平。管上标记刻度，管的一端用小块玻璃棉（或滤纸）封住。称取一定质量的固体粉末填充到玻璃管中。相同质量的同一种粉末样品每次都必须填充到相同高度，以保证粉末堆积密度恒定。

(2) 将润湿液体放在小烧杯中，装好仪器，玻璃管必须垂直于液面。当填装有粉末的玻璃管刚一接触液面时开始计时，每隔一定时间 t（如 1min）记录液面上升高度 h。

(3) 已知环己烷可完全润湿 γ-Fe_2O_3 粉末，先测定环己烷润湿 γ-Fe_2O_3 的 h-t 关系数据。

(4) 按实验步骤(1)～(3)，在相同粉末装填堆积密度条件下，依次测定水、丙酮等液体对 γ-Fe_2O_3 润湿的 h-t 关系数据。

(5) 由于在室温条件下接触角的温度系数不大，故全部实验可在室温下进行。

实验结果及数据处理要求如下。

① 根据测定出环己烷润湿 γ-Fe_2O_3 的数据，作 h^2-t 图，由直线斜率和环己烷 γ、η 值，依式(4-6)求出仪器常数 C_r，已知环己烷在 γ-Fe_2O_3 上的接触角为 0°。

② 根据其他液体润湿 γ-Fe_2O_3 数据，作出各自的 h^2-t 图，求斜率，由各直线的斜率、各液体的 γ、η 值和由①中求出的仪器常数，求出各液体在 γ-Fe_2O_3 上的接触角。

③ 列表表示实验数据和计算结果。

五、思考题

影响实验结果的因素有哪些?

参 考 文 献

[1] 蒋子铎，邝生鲁，杨诗兰. 粉末体系接触角的测定. 武汉工程大学学报，1986，(1)：24-29.

［2］ 蒋子铎，邝生鲁，杨诗兰．动态法测定粉末-液体体系的接触角．化学通报，1987，（7）：31-33.

（李斌）

实验 39　陶瓷坯体密度测定实验

一、实验目的

（1）了解陶瓷密度的测量原理。

（2）熟练掌握用阿基米德法测量烧结体密度和相对密度的方法。

二、实验原理

陶瓷坯体在干燥与烧结后长度或体积会缩小，这一现象叫做收缩，可分为干燥收缩和烧成收缩。烧成收缩的大小与原料组成、粒径大小、有机物含量、烧成温度及烧成气氛有关。本实验中采用线收缩表征陶瓷的收缩情况。线收缩指的是坯体在干燥与烧成过程中在长度方向上的尺寸变化。干燥收缩率等于试样中水分蒸发而引起的缩减与试样最初尺寸之比值，以％表示。烧成收缩率等于试样由于烧成而引起的缩减与试样在干燥状态下尺寸之比值，以％表示。总收缩率（或称全收缩率）等于试样由于干燥与烧成而引起的缩减与试样最初尺寸之比值，以％表示。

陶瓷性能除取决于本身材料组成，上述微观组织因素也对材料性能有显著影响，其中气孔率对材料性能有重要影响。这说明陶瓷材料致密度是陶瓷材料的重要性能指标之一。陶瓷材料密度及气孔率是评价其性能好坏的重要参数。本实验采用阿基米德法测量陶瓷密度。

三、实验用品

（1）实验原料

实验所压素坯。

（2）实验仪器

托盘、镊子、千分卡尺、小坩埚、烘箱、高温电炉、分析天平、烘箱、盛放试样的线框、悬索一套、大烧杯（250mL、500mL）、蒸馏水、毛刷、镊子。

四、实验步骤

（1）测定密度

① 用砂纸将样品表面磨平，清除试样表面杂质，直至试样表面光滑。用水清洗后，放入烘箱中烘干至恒重。用分析天平称量，并记下其质量 G_0。

② 试样置于沸水中煮 1h，直到长时间无气泡产生为止，然后在流动的水中冷却 3min，再用卫生纸擦去试样表面的多余水分。用分析天平称量并记下其质量 G_1。

③ 用分析天平称量试样在水中的质量 G_2。

④ 陶瓷试样密度 ρ 可按下式计算

$$\rho = \frac{\rho_w G_0}{G_1 - G_2} \quad (\text{g/cm}^3)$$

式中，ρ_w 为水的密度，取 1.00g/cm^3。

陶瓷试样的表面气孔率 p_S 为

$$p_S = \frac{G_1 - G_0}{G_1 - G_2} \times 100\%$$

（2）注意事项

① 试样表面必须平整。

② 试样表面在整个称重阶段表面不能有水。

五、思考题

影响陶瓷烧结致密度的因素有哪些？

参 考 文 献

[1] 中华人民共和国工业和信息化部. 陶瓷坯体显气孔率、体积密度测试方法（QB/T 1642—2012）. 北京：中国轻工业出版社，2013.

（李霞）

实验 40 金属的洛氏硬度及布氏硬度测试

一、实验目的

（1）了解硬度测试的基本原理及应用范围。

（2）了解洛氏和布氏硬度试验机的主要结构及操作方法。

二、实验原理

对于金属硬度，我们可以认为金属材料的表面在接触压应力的作用下所产生的抵抗塑性变形而呈现出的一种能力。从硬度测试的结果能够给出一般金属材料软硬程度相关的数量概念。同时，由于在金属材料的表面以下处于不同深处所能承受的应力以及发生变形的程度会有所不同，因而所得硬度值就可以综合反映表面压痕附近的局部体积内相关金属的弹性，其他还有微量塑变抗力，以及塑变强化能力所结合的大量形变抗力；所测硬度值越高，就表明金属材料抵抗塑性变形的能力越大，同时材料能产生的塑性变形就越小。

硬度实验方法很多。目前广泛采用压入法来测定硬度。压入法可分为洛氏硬度（*HR*）、布氏硬度（*HB*）、维氏硬度等。

（一）洛氏硬度

（1）洛氏硬度实验原理如图 4-1 所示。洛氏硬度的方法是以压痕的塑性变形深度来确定所测硬度值的指标。用一个顶角为 120°金刚石圆锥体或者采用直径 1.58mm 或 3.18mm 的淬硬钢球作为压头，通过在一定载荷下，进而压入被测材料表面，可以 0.002mm 为一个标准硬度单位，从而由压痕深度大小来求出材料硬度。

$$HR = K - (h_2 - h_0)/0.002$$

式中，K 为常数，采用金刚石圆锥 $K=0.2$；采用钢球 $K=0.26$。

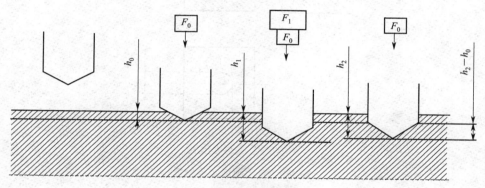

图 4-1　洛氏硬度实验原理

洛氏硬度值无量纲。根据试验标尺的不同，分为三种不同标度，如表 4-1 所示。

表 4-1　洛氏硬度测量标尺选用

标尺	压头	试验力	硬度范围	适用范围
HRA	120°金刚石圆锥	588.4N(60kgf)	20～88	硬质合金、浅表面硬化层
HRB	1/16″(1.5875mm)钢球	980.7N(100kgf)	20～100	软钢、铜合金、铝合金
HRC	120°金刚石圆锥	1471N(150kgf)	20～70	调质钢、淬火钢、合金钢

注：1kgf=9.80665N；余同。

（2）操作程序

● 根据试样预期硬度按表 4-1 确定压头和载荷。

● 可以将所测试样平稳放置于试样台上，同时顺时针转动手轮，这样使试样与压头之间缓慢接触，直至上方硬度指示表的小指针转到指示红点处。此时既已预加载荷 10kgf，然后将大指针对准 C 或 B 刻度线。

● 进而将加载的手柄缓慢推向加载方向，从而平稳地可以施加主载荷，直到指针的转动变慢，然后基本不动，使总的试验力能够保持 2～6s 左右；再将加载的手柄缓慢扳回到卸载位置，从而卸除主试验力。

● 可按硬度计指示表的大指针所指示刻度来读取硬度值。测定 *HRC* 和 *HRA* 等标尺时可按刻度表的外圈上标记为 C 符号的黑字读数；而当测定 *HRB* 的标尺时，则按刻度表内圈上标记为 B 符号的红字读数。

● 取下样品，卸载全部试验力，最后测试完毕。

（二）布氏硬度

（1）布氏硬度实验原理如图 4-2 所示。

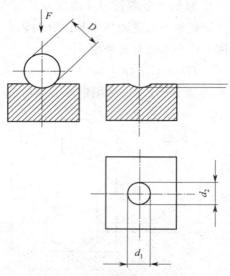

图 4-2　布氏硬度实验原理

布氏硬度实验是施加一定大小的载荷 F，将直径为 D 的钢球压入被测金属表面（图 4-2）保持一定时间，然后卸载。根据钢球在金属表面上所压出的凹痕直径 d 求出凹痕面积，以此作为硬度值的计量指标。

其计算公式如下：

$$HB = 0.102 \times 2F / \pi D \left[D - \sqrt{(D^2 - d^2)} \right]$$

式中，$d = (d_1 + d_2) / 2$；D、d 单位为 mm；F 单位为 N。

（2）操作程序

● 打开电源开关，电源指示灯亮。试验机进行自检、复位，显示当前的试验力保持时间。选取要用的压头，装入主轴孔内。

● 选择实验力，设定实验力保持时间，一般为 10～15s。

● 将试样放在样品台上。顺时针转动手轮，使样品台上升，试样与压头接触，直至手轮与螺母产生相对滑动，停止转动手轮。此时按"开始"键，实验自动进行，依次完成以下过程：实验力加载；保持载荷时间；卸载指示灯亮时立即卸载，完成卸载后恢复初始状态。

三、实验用品

洛氏硬度计、布氏硬度计、读数显微镜、试样。

四、实验步骤

（1）按照规定操作程序测定试样的洛氏硬度值。

（2）按照规定操作程序测定试样的布氏硬度值。

五、实验报告要求

（1）简述布氏硬度、洛氏硬度实验原理。

（2）测定试样的洛氏硬度值并填表 4-2。

表 4-2　洛氏硬度值

实验材料	压头	实验力	硬度值（HRC）
试样			

（3）测定试样的布氏硬度值并填表 4-3。

表 4-3　布氏硬度值

实验材料	钢球直径 D/mm	载荷 P/kgf	持续时间/s	P/D^2
试样				
凹痕直径 d				
HB 值				

六、思考题

（1）洛氏硬度实验中应注意哪些问题？

（2）为什么说硬度是材料的综合力学性能？

参　考　文　献

[1]　杨辉其．新编金属硬度试验．北京：中国计量出版社，2005.

[2]　GB/T 231—2009.

[3]　GB/T 4340—2009.

（王桂雪）

实验 41　金属的腐蚀实验

一、实验目的

（1）掌握用重量法测定金属腐蚀速度的方法。

（2）通过实验进一步了解金属腐蚀现象和原理，了解某些因素（如不同介质、介质浓度）对金属腐蚀速度的影响。

二、实验原理

重量法是根据腐蚀前后试件质量的变化来测定金属的腐蚀速率，是把金属做成一定形状和大小的试件，经过表面预处理之后，放在腐蚀介质中，经过一段时间后取出，测定其质量及尺度的变化，计算其腐蚀速率。

$$V_失 = (m_0 - m_1)/St$$

式中　$V_失$——试件的腐蚀速率，$g \cdot m^{-2} \cdot h^{-1}$；

m_0——试件腐蚀前的质量，g；

m_1——试件腐蚀后的质量，g；

S——试件的表面积，m^2；

t——试件的腐蚀时间，h。

目前测试腐蚀速度的方法有重量法、容量法、极化曲线法等。重量法是一种经典的方法，适用于实验室和现场挂片，是测定金属腐蚀速度最可靠的方法之一。用于检验材料的耐腐蚀性能，评定腐蚀剂，改变工艺条件时检查腐蚀效果等。

三、实验用品

分析天平、游标卡尺、吹风机、烧杯、量筒、镊子、擦拭纸。

丙酮、去离子水、10%盐酸、10%硝酸、铁片。

四、实验步骤

（1）取试样，表面除油清洗，置入分析天平，记录初始质量 m_0。

（2）测量试样尺寸并将数据记录表 4-4 中。

（3）将试样分别浸入 10% HCl 和 10% HNO_3 溶液中，浸泡 6min。

（4）取出试样，清洗、吹干、称重，记录第一次腐蚀质量 m_1。

（5）重复试验 3 次，分别记录 6min、12min、18min、24min 试样腐蚀后的质量。

表 4-4　数据记录表

试样	介质	长	宽	高	S/mm^2	m_0	m_1	m_2	m_3	m_4
1	10%HCl									
2	10%HNO_3									

五、实验报告要求

（1）简述腐蚀试验的实验目的和原理。

（2）观察金属试样腐蚀后的外形，确定腐蚀是否均匀。

（3）结果处理

结果处理填于表 4-5 中。

表 4-5　结果处理表

t/min	0	6	12	18	24
$V_{失}$					

（4）画出腐蚀速率曲线（以单位时间、单位面积下金属损失的质量来表示，单位为 $\mathrm{g/m^2 \cdot h}$）。

六、思考题

（1）影响金属腐蚀速率的主要因素有哪些？

（2）常用的金属腐蚀防护方法有哪些？

参 考 文 献

[1]　王凤平. 金属腐蚀与防护实验. 北京：化学工业出版社，2015.

（王桂雪）

实验 42　Dataphysics 动态接触角与表面张力仪的使用

一、实验目的

（1）了解 Dataphysics 动态接触角与表面张力仪的工作原理。

（2）了解 Dataphysics 动态接触角与表面张力仪的使用方法。

二、实验原理

（一）表面张力

（1）挂环法。通常用铂丝制成圆形挂环，将它挂在扭力秤或链式天平上并使环平面与液面恰好完全平行接触，然后测定挂环与液面脱离时的最大拉力 F，如图 4-3 所示。

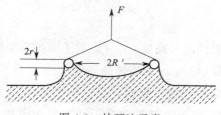

图 4-3　挂环法示意

设拉起来的液体呈圆柱形，拉力就等于柱中液体重量 mg，m 表示拉起的液体质量，g 表示重力加速度。若环的内半径为 R'，r 是环丝的半径，所以环的外半径为 $R'+2r$。R 是环的平均半径，即 $R=R'+r$，则

$$F = mg = 2\pi\delta R' + 2\pi\delta(2r+R') = 4\pi\delta(r+R')$$

因为

$$F = W_{总} - W_{环}$$

$W_{总}$ 为挂环脱离液面时的最大拉力，其扣去环的重量 $W_{环}$ 后，就是拉环拉起的液体重量 mg，所以

$$4\pi R\delta = W_{总} - W_{环}$$

$$\sigma = \frac{\Delta W}{2l}$$

（2）挂片法。扭力秤或链式天平上挂上一块铂片，如图 4-4 所示。

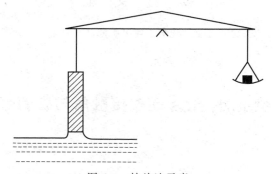

图 4-4　挂片法示意

测量时使铂片恰好与被测液面相接触，然后测定铂片与液面拉脱的最大拉力。l 和 d 分别为铂片的片宽和片厚；当 $l \gg d$ 时，则片与液体接触的周长为 $2(l+d) \approx 2l$，所以

$$W_{总} - W_{环} = 2l\delta$$

（二）动态接触角

根据 Washbum 公式，当一根被固体物质充满的毛细管插入某一液体时，在一段时间后会达到平衡，公式为

$$h^2 = \frac{tr\sigma_l \cos\theta}{2\eta}$$

式中，h 为毛细管内液面的上升高度；t 为达到平衡所需要的时间；r 为毛细管的半径；σ_l 为液体的表面张力；θ 为接触角；η 为液体的黏度。

在实验中可用一根粗的管子代替毛细管，这根粗管就可以看成是由无数毛细管组成的。因为不可能知道组成实验所用管子毛细管的半径和数目。因此，上述公式就应进行如下变动，加上一个变量 C，变为

$$h^2 = C\frac{t\sigma_l \cos\theta}{2\eta}$$

在实验中只要选择一种能完全润湿各种物质的液体（一般为正己烷）作为参照物测一次

接触角，因为它能润湿各种物质，因此其接触角为 0°，即 $\cos\theta = 1$。代入公式中可以求出待测物质的 C 值，然后再在相同条件下，做一次实际液体的接触角，即可得到你想得到的物质接触角。

三、实验用品

Dataphysics 动态接触角与表面张力仪。

四、实验步骤

（1）开机：总电源——→辅助设备电源——→电子天平电源。
（2）启动计算机上的应用程序。
（3）进入相应工作界面，调节参数。
（4）测量。
（5）结果检查、处理与保存。
（6）关机：程序窗口——→电子天平电源——→辅助设备电源——→总电源。

五、思考题

Dataphysics 动态接触角与表面张力仪的工作原理是什么？

参 考 文 献

[1] 郭同翠，刘明新，熊伟，曾平，孔丽平．动态接触角研究．石油勘探与开发，2004，31（s1）：36-39.
[2] 王晓东，彭晓峰，王补宣．动态湿润与动态接触角研究进展．应用基础与工程科学学报，2003，11（4）：396-404.

（单妍）

实验 43 高分子材料的邵氏硬度测试实验

一、实验目的

（1）熟悉邵氏硬度计的工作原理。
（2）掌握测硬度试样的制备方法及测试步骤。
（3）掌握硬度数据的处理。
（4）掌握影响硬度的因素。

二、实验原理

邵氏硬度计是用 1kg 外力把硬度计的压针，以弹簧的压力压入试样表面的深浅来表示其硬度。橡胶受压将产生反抗其压入的反力，直到弹簧压力与反力相平衡。橡胶越硬，反抗压针压入的力量越大，使压针压入试样表面深度越浅；而弹簧受压越大，金属轴上移越多，故指示的硬度值越大，反之则相反。

三、实验用品

（1）实验仪器

邵氏硬度是目前国际上应用比较广泛的一种硬度。邵氏硬度计一般分为 A、C、D 等几种型号；邵氏 A 型硬度计（图 4-5）测量软质橡胶硬度，邵氏 C 型硬度计测量半硬质橡胶硬度，邵氏 D 型硬度计测量硬质橡胶硬度。

图 4-5　邵氏 A 型硬度计

邵氏硬度计的结构简单。试验时用外力把硬度计的钝针压在试样表面上，钝针压入试样的深度如下式

$$T = 2.5 - 0.025h$$

式中　T——钝针压入试样深度，mm；

　　　h——所测硬度值；

　2.5——压针露出部分长度，mm；

0.025——硬度计指针每度压针缩短长度，mm。

该式反映了钝针压入试样的深度 T 与硬度 h 的关系：钝针压入深度越深，硬度值越小。

（2）试样

① 试样厚度不小于 6mm，宽度不小于 15mm，长度不小于 35mm，如试样厚度低于 6mm 时，可用同样胶片量叠加起来（不得超过四层）测试。

② 试样表面应光滑、平整，不应有缺胶、机械损伤及杂质等。

③ 试样必须有足够的面积，使压针距试样接触位置边缘至少 12mm。

四、实验步骤

邵氏硬度计的实验步骤和要求，按 GB 531—2008 标准进行。

（1）实验前检查试样，如表面有杂质需用纱布蘸酒精擦净。观察硬度计指针是否指于零点，并检查压针压于玻璃面上时是否指 100；

（2）将试样置于硬度计玻璃面上，在试样缓慢地受到 1kg 负荷（硬度计的底面与试样表面平稳地完全接触）后 1s 内读数。

（3）试样上的每一点只准测量一次硬度，点与点间距离不少于 10mm。

（4）每个试样的测量点不少于 3 个，取其中值为试验结果。

实验的影响因素如下。

① 温度的影响。当试样温度（或室温）高时，由于高聚物分子的热运动加剧，分子间作用力减弱，内部产生结构的松弛，降低材料的抵抗作用，因而硬度值降低；反之，则硬度值增高，故试样硫化完毕应在规定条件下停放和测试。

② 试样厚度的影响。试样必须具备一定厚度，否则如试样低于要求的厚度，硬度计压杆会受到承托试样用玻璃片的影响，使硬度值增大，影响测试结果的准确性。

③ 读数时间的影响。由于橡胶是黏弹性高分子材料，受外力作用后具有松弛现象，随着压针对试样加压时间的增长，其压缩力趋于减小，因而试样对硬度计压针的反抗力也减小。所以，测量硬度时读数时间早晚会对硬度值有较大影响，压针与试样受压后立即读数与指针稳定后再读数，所得结果相差很大，前者高，后者偏低，二者之差可达 5～7，尤其在合成橡胶中较为显著。为了统一实验方法，提高数据的可比性，目前规定"在缓慢地受到 1kg 负荷时立即读数"，此时的硬度值将高于硬度计指针稳定后的指示值。

④ 压针长度对实验结果的影响。在 GB/T 531.1—2008 标准中规定邵氏 A 型硬度计的压针露出加压面的高度为 $2.5^{+0.00}_{-0.05}$ mm。在自由状态下指针应指零点；当压针压在平滑的金属板或玻璃上时，仪器指针应指 100。如果是大于或小于 100 时，说明压针露出高度大于 2.5mm 或小于 2.5mm，在这种情况下应停止使用，进行校正。

⑤ 压针形状和弹簧的性能对结果的影响。硬度计的锥形压针系靠弹簧压力作用于所测试样上，压针的行程为 2.5mm 时，指针应指于刻度盘上 100 的位置。硬度计用久后，弹簧容易变形或压针的针头易磨损，其针头长度和针尖的截面积有变化，均影响测试结果的准确性。如针头磨损长度为 0.05mm 时，会造成 1°～3°之差，针尖截面积直径变化 0.11mm 时，就会有 1°～4°的误差，因此硬度计应定期进行压针形状尺寸的检查和弹簧应力的校正，以保证测试结果的可靠性。

五、国家标准

目前采用的国家标准是 GB/T 531—2008 以代替原来的 GB/T 531—1992 和 GB/T 11204—1989，该标准等同于 ISO 7619：1986。此外，采用 GB/T 531.1—2008《硫化橡胶或热塑性橡胶压入硬度试验方法第 1 部分：邵氏硬度计法（邵尔硬度）》。该标准等同于 ISO 7619—1—2004。

六、实验报告要求

实验报告包括以下项目。

① 本标准编号、试样的名称和代号。

② 试样状态和尺寸，包括厚度，如试样叠层，要说明层数；试验温度，当被测材料硬度与湿度有关时，要说明相对湿度。

③ 使用仪器的型号；试样从制备到测量硬度的时间间隔。

④ 每次测量硬度计示值，当示值不是在 1 秒内读取时必须说明时间间隔。

⑤ 硬度测量结果的数值、平均值和范围，邵氏 A 型硬度计、D 型硬度计和袖珍型国际硬度计分别采用 Shore A、Shore D 和 IRHD 单位表示。

⑥ 如有偏离本标准要求或出现本标准没有规定的影响因素，必须详细说明并分析对实验结果可能产生的影响。

七、思考题

邵氏硬度的测试原理？

参 考 文 献

[1] 何曼君等. 高分子物理. 上海：复旦大学出版社，2001.
[2] GB/T 531.1—2008《硫化橡胶或热塑性橡胶压入硬度试验方法第 1 部分：邵氏硬度计法（邵尔硬度）》.

(叶林忠)

实验 44　聚合物的电性能测试

一、实验目的

（1）了解超高阻微电流计的使用方法和实验原理。

（2）测出高聚物样品的体积电阻率及表面电阻率，分析这些数据与聚合物分子结构的内在联系。

二、实验原理

电学性能，尤其聚合物的电学性能指的是高分子材料在外加电场作用下所表现的介电性能，还包括导电性能和电击穿性质以及聚合物与其他材料之间相接触还有摩擦时所引起表面的静电性质等。其中最基本的性质包括介电性能和电导性能，前者包括极化和介质损耗；后者包括电导强度和电气强度。研究高分子的电导性能时，它可以是绝缘体、导体和半导体；而且大多数聚合物具有优良的电绝缘性能，可以表现为电阻率高、介电损耗小且电击穿强度高，已成为电气工业不可或缺的材料。高分子绝缘材料必须具有足够的绝缘电阻，其绝缘电阻决定于材料的体积电阻与表面电阻；温度、湿度等环境条件对材料的体积电阻率和表面电阻率有很大影响。为满足工作条件下对绝缘电阻的要求，必须要搞清楚材料的体积电阻率与表面电阻率随湿度、温度的变化规律。

（1）名词术语

● 绝缘电阻。施加在与试样相接触的二电极之间的直流电压除以通过两电极的总电流所得的商，称为绝缘电阻。它取决于材料的体积电阻和材料的表面电阻。

● 体积电阻。在试样的相对两表面上放置的两电极间所加直流电压与流过两个电极之间的稳态电流之商，称为体积电阻；该电流不包括沿材料表面的电流；在两电极间可能形成的极化可忽略不计。

● 体积电阻率。绝缘材料里面的直流电场强度与稳态电流密度之商，即单位体积内的体积电阻。

● 表面电阻。在试样的某一表面上两电极间所加电压与经过一定时间后流过两电极间的电流之商；该电流主要为流过试样表层的电流，也包括一部分流过试样体积的电流成分。在两电极间可能形成的极化可忽略不计。

● 表面电阻率。在绝缘材料的表面层的直流电场强度与线电流密度之商，即单位面积内的表面电阻。

（2）测量原理

根据上述定义，对于绝缘体的电阻测量，基本上与导体的电阻测量相同，其电阻一般都由电压与电流之比来得到。测试方法可分为三类：直接法、比较法、时间常数法。

直接法中的直流放大法，也被称为高阻计法。这种方法采用直流放大器对通过测试试样的微弱电流经过放大后，推动指示仪表，并继而测量出材料的绝缘电阻，基本原理见图 4-6。

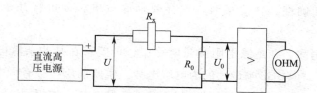

图 4-6 ZC36 型 $10^{17}\Omega$ 超高电阻测试仪测试原理

当 $R_0 \ll R_x$ 时，则

$$R_x = (U/U_0)R_0$$

式中 R_x——试样的电阻，Ω；

U——实验的电压，V；

U_0——标准电阻 R_0 的两端电压，V；

R_0——标准电阻值，Ω。

在测量的仪器中，有数个不同数量级的标准电阻可以适应测试不同数量级 R_x 的具体需要，被测材料的电阻可以直接被读出来；高阻计法一般可以测试 $10^{17}\Omega$ 以下的绝缘电阻。

根据 R_x 的计算公式可以看出，R_x 的测量误差是取决于测量电压 U、标准电阻 R_0 以及标准电阻两端的电压 U_0 的误差。

（3）测量技术

绝缘材料的电阻率一般都很高，即传导电流很小；在测试的时候，如果不注意外界环境因素的干扰以及漏电流的影响，其测量结果可能就会发生很大误差。另外，绝缘材料本身的吸湿性以及环境条件的变化也会对测量结果产生很大影响。

影响材料的体积电阻率和表面电阻率的测试结果因素很多，最主要的是温度、湿度、电场强度、充电时间、残余电荷等因素。通常体积电阻率可作为选择绝缘材料的一个参数，体积电阻率会随着温度和湿度的变化而发生显著变化。对于体积电阻率的测量，常用来检查绝缘材料是否均匀或用来检测那些能影响材料品质但又不能用其他方法检测到的导电杂质。

由于材料的体积电阻总是要或多或少地被包括到表面电阻的测试中去，因而只能近似地测量材料的表面电阻，所测到的表面电阻值，主要可以反映被测试样的表面被污染程度。因此，表面电阻率不是表征材料本身特性的参数，而是一个用来表征有关材料表面污染特性的参数。当表面电阻较高的时候，它常随着时间以不规则方式而变化；测量表面电阻通常都规定 1min 的电化时间。

① 温度和湿度。固体绝缘材料的绝缘电阻率随温度和湿度的升高而降低，特别是体积电阻率随温度改变而变化非常大。由于水的电导率大，随着湿度增大，表面电阻率和有开口孔隙的电瓷材料的体积电阻率急剧下降。因此，应严格地按照规定的试样处理要求和测试的环境条件进行测试。

② 电场强度。当电场强度比较高时，离子的迁移率随电场强度增高而增大，而且在接近击穿时还会出现大量的电子迁移，这时体积电阻率大大降低。因此，在测定时施加的电压应不超过规定的值。

③ 残余电荷。试样在加工和测试等过程中，可能产生静电，电阻越高，越容易产生静电，影响测量的准确性。在测量时，试样要彻底放电，即可将几个电极连在一起进行短路。

④ 杂散电势的消除。在绝缘电阻测量电路中，可能存在某些杂散电势，如热电势、电解电势、接触电势等，其中影响最大的为电解电势。实验前应检查有无杂散电势，可根据试样加压前后高阻计的二次指示是否相同来判断有无杂散电势；如相同，证明无杂散电势；否则应当寻找并排除产生杂散电势的根源，才能进行测量。

⑤ 防止漏电流的影响。对于高电阻材料，只有采取保护技术才能去除漏电流对测量的影响。保护技术就是在引起测量误差的漏电路径上安置保护导体，截住可能引起测量误差的杂散电流，使之不流经测量回路或仪表。保护导体连接在一起构成保护端，通常保护端接地。测量体积电阻时，三电极系统的保护极就是保护导体，此时要求保护电极和测量电极间的试样表面电阻高于与其并联元件的电阻 10~100 倍。线路接好后，应首先检查是否存在漏电。此时断开与试样连接的高压线，加上电压。如在测量灵敏度范围内，测量仪器指示的电阻值为无限大，则线路无漏电，可进行测量。

⑥ 条件处理和测试条件的规定。固体绝缘材料的电阻随温度、湿度的增加而下降。试样的预处理条件取决于被测材料，这些条件在材料规范中均有规定。

⑦ 电化时间的规定。当直流电压加到与试样接触的两电极间时，通过试样的电流会指数式地衰减到一个稳定值。电流随时间的减小可能是由于电介质极化和可动离子位移到电极所致。对于体积电阻率小于 $10^{10}\Omega \cdot m$ 的材料，其稳定状态通常在 1min 内达到。因此，要

经过这个电化时间后测定电阻。对于电阻率较高的材料，电流减小的过程可能会持续几分钟、几小时、几天，因此需要用较长的电化时间。当表面电阻较高的时候，其常随着时间的变化以不规则的方式进行变化。因此，在测量表面电阻的时候，通常都要规定 1min 的电化时间。

三、实验用品

（1）仪器

本实验选用 ZC36 型高阻微电流计（图 4-7）。该仪器工作原理属于直接法中的直流放大法，测量范围 $10^6\sim10^{17}$ Ω，误差≤10%。

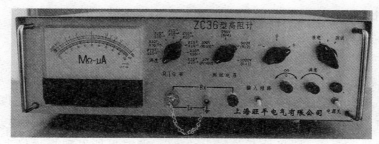

图 4-7　ZC36 型高阻微电流计外形

为准确测量体积电阻和表面电阻，一般采用三电极系统，圆板状三电极电阻测量系统见图 4-8。测量体积电阻 R_v 时，保护电极的作用是使表面电流不通过测量仪表，并使测量电极下的电场分布均匀。此时保护电极的正确接法见图 4-9。测量表面电阻 R_s 时，保护电极的作用是使体积电流减小到不影响表面电阻的测量。

（2）试样及其预处理

试样：不同比例的聚丙烯与碳酸钙共混物样片（直径 100mm 圆板，厚 2mm±0.2mm）。

图 4-8　圆板状三电极电阻测量系统

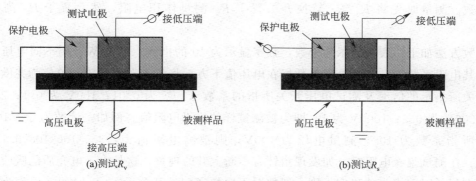

(a)测试R_v　　　　(b)测试R_s

图 4-9　体积电阻 R_v 和表面电阻 R_s 测量示意

预处理：试样应平整、均匀，无裂纹和机械杂质等缺陷。

用蘸有溶剂（此溶剂应不腐蚀试样）的绸布擦拭；把擦净的试样放在温度（23±2）℃和相对湿度（65±5）%的条件下处理 24h；测量表面电阻时，一般不清洗及处理表面，也不要用手或其他任何东西触及。

四、实验步骤

（1）准备

使用前，面板上的各开关位置应如下：

- 倍率开关置于灵敏度最低档位置；
- 测试电压开关置于"10V"处；
- "放电-测试"开关置于"放电"位置；
- 电源总开关（POWER）置于"关"；
- 输入短路按键置于"短路"；
- 极性开关置于"0"。

检查测试环境的湿度是否在允许范围内；尤其是当环境湿度高于 80% 以上时，对测量较高的绝缘电阻（大于 $10^{11}\Omega$ 及小于 10^{-8} A）时微电流可能会导致较大的误差。

接通电源预热 30min，将极性开关置于"＋"，此时可能发现指示仪表的指针会离开"∞"及"0"处，这时可慢慢调节"∞"及"0"电位器，使指针置于"∞"及"0"处。

（2）测试

将被测试样用测量电缆线和导线分别与讯号输入端和测试电压输出端连接。将测试电压选择开关置于所需要的测试电压挡。将"放电-测试"开关置于"测试"挡，输入短路开关仍置于"短路"。对试样经一定时间的充电以后（视试样的容量大小而定，一般为 15s；电容量大时，可适当延长充电时间），即可将输入短路开关按至"测量"进行读数。若发现指针很快打出满刻度，应立即按输入短路开关，使其置于"短路"，将"放电-测试"开关置于"放电"挡，待查明原因并排除故障后再进行测试。当输入短路开关置于测量后，如发现表头无读数或指示很少，可将倍率开关逐步升高，数字显示依次为 7、8、9…直至读数清晰为止（尽量取仪表上 1~10 的那段刻度）。通过旋转倍率旋钮，使示数处于半偏以内的位置，便于读数。测量时先将 R_v/R_s 转换开关置于 R_v 测量体积电阻，然后置于 R_s 测量表面电阻。

读数方法如下：表头指示为读数，数字显示为 10 的指数，单位 W。用不同电压进行测量时，其电阻系数不一样，电阻系数标在电压值下方。将仪表上的读数（单位为兆欧）乘以倍率开关所指示的倍率及测试电压开关所指的系数（10V 为 0.01；100V 为 0.1；250V 为 0.25；500V 为 0.5；1000V 为 1）即为被测试样的绝缘电阻值。例如，读数为 3.5′106W 倍率开关所指系数为 108，测量电压为 100V，则被测电阻值为：3.5′106′108′0.1＝3.5′1013W。在测试绝缘电阻时，如发现指针有不断上升的现象，这是由于电介质的吸收现象所致。若在很长时间内未能稳定，则一般情况下取接通测试开关后 1min 时的读数作为试样的绝缘电阻值。

一个试样测试完毕，即将输入短路按键置于"短路"，测试电压控制开关置于"关"后，将方式选择开关拨向放电位置，几分钟后方可取出试样。对电容量较大的试样需经 1min 左右的放电，方能取出试样，以免受测试系统电容中残余电荷的电击。若要重复测试时，应将试样上的残留电荷全部放掉方能进行。

进入下一个试样的测试：为了操作简便无误，测量绝缘材料体积电阻（R_v）和表面电阻（R_s）时采用转换开关。当旋钮指在 R_v 处时，高压电极加上测试电压，保护电极接地，当旋钮指在 R_s 处时，保护电极加上测试电压，高压电极接地。仪器使用完毕，应先切断电源，将面板上各开关恢复到测试前的位置，拆除所有接线，将仪器安放保管好。

（3）注意事项

① 试样与电极应加以屏蔽（将屏蔽箱合上盖子）；否则，由于外来电磁干扰而产生误差，甚至因指针的不稳定而无法读数。

② 测试时，人体不可接触红色接线柱，不可取试样，因为此时"放电-测试"开关处在"测试"位置，该接线柱与电极上都有测试电压，危险！！

③ 在进行体积电阻和表面电阻测量时，应先测体积电阻再测表面电阻，反之由于材料被极化而影响体积电阻。当材料连续多次测量后容易产生极化，会使测量工作无法进行下去，出现指针反偏等异常现象，这时应停止对这种材料测试，置于净处 8～10h 后再测量或者放在无水酒精内清洗、烘干，等冷却后再进行测量。

④ 经过处理的试样及测量端的绝缘部分绝不能被脏物污染，以保证实验数据的可靠性。

⑤ 若发现指针很快打出满刻度，应立即将输入短路开关置于"短路"，测试电压控制开关置于"关"，待查明原因并排除故障后再进行测量。

⑥ 当输入短路开关置于"测量"后，如果发现表头无读数或指示很少，可将倍率逐步升高。

⑦ 若要重复测量时，应将试样上的残余电荷全部放掉后方能进行。

（4）数据处理

对于体积电阻率 ρ_v

$$\rho_v = R_v(A/h)$$

$$A = (\pi/4)d_2^2 = (\pi/4)(d_1 + 2g)^2$$

式中　ρ_v——体积电阻率，$\Omega \cdot m$；

　　R_v——测得的试样体积电阻，Ω；

　　A——测量电极的有效面积，m^2；

　　d_1——测量电极直径，m；

　　h——绝缘材料试样的厚度，m；

　　g——测量电极与保护电极间隙宽度，m。

对于表面电阻率 ρ_s

$$\rho_s = R_s(2\pi)/\ln(d_2/d_1)$$

式中　ρ_s——表面电阻率，Ω；

　　R_s——试样的表面电阻，Ω；

　　d_2——保护电极的内径，m；

d_1——测量电极直径，m。

需要的数据如下：$d_1 = 5$cm；$d_2 = 5.4$cm；$h = 0.2$cm；$g = 0.2$cm。

五、思考题

（1）为什么测试电性能时对试样要进行处理？对环境条件有何要求？

（2）对同一块试样，应采用不同的电压测量；测试电压升高时，测得的电阻值将如何变化？

（3）通过实验说明为什么在工程技术领域中，用体积电阻率来表示介电材料的绝缘性质，而不用绝缘电阻或表面电阻率来表示？

（4）说明实验结果与高分子的分子结构的内在联系。

参 考 文 献

[1] 何曼君等. 高分子物理. 上海：复旦大学出版社，2001.
[2] 张国光. 影响绝缘电阻测量值的主要因素：第 011 版. 机电技术，2008.
[3] ZC36 型高阻计说明书.

（叶林忠）

实验 45　膨胀计法测定高分子的玻璃化转变温度

一、实验目的

（1）掌握用玻璃膨胀计测定玻璃化转变温度 T_g 的方法。

（2）了解升温速率对 T_g 的测试影响。

二、实验原理

非晶态高分子的玻璃化转变是在观察时间范围内，高分子链段的运动由冻结状态向解冻状态的转变，这时的温度称为玻璃化转变温度（T_g）。

由于在同样测定条件下，各种高聚物的 T_g 不同，而且对于同一种高分子而言，在 T_g 前后高聚物的力学性质也完全不同，因此玻璃化转变温度是高分子的一个重要参数。测量 T_g 这个参数对于研究聚合物的玻璃化转变现象有重要的理论和实际意义。

玻璃化转变的实质是非晶态高分子（包括结晶高分子中的非晶相）链段运动被冻结的结果。因此，当高分子发生玻璃化转变时，其物理和力学性能必然有急剧变化，如形变、模量、比容、比热容、热膨胀系数、热导系数、折射率、介电常数等物理量都会表现出突变或不连续变化。根据这些性能的变化，不仅可以测定高聚物的玻璃化转变温度，而且有助于理解玻璃化转变的实质。其中高分子的比容在玻璃化转变温度时的变化具有特别的重要性，如图 4-10 所示为非晶态高分子的比容-温度曲线。

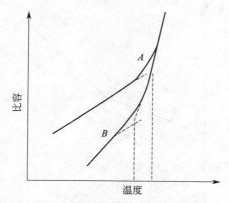

图 4-10 非晶态高分子的比容-温度曲线
A—冷却较快；B—冷却较慢

曲线的斜率 dV/dT 是体积膨胀率。曲线斜率发生转折所对应的温度就是玻璃化转变温度 T_g，有时实验数据不产生尖锐的转折，通常是将两根直线延长，取其交点所对应的温度作为 T_g。实验证明，T_g 具有速率依赖性，表明玻璃化转变是一种松弛过程。由 $\tau = \tau_0 e^{\Delta H/RT}$ 可知，链段的松弛时间与温度成反比，即温度越高，松弛时间越短。在某一温度下，高分子的体积具有一个平衡值，即平衡体积；当冷却到另一温度时，体积将作相应收缩（体积松弛），这种收缩显然要通过分子构象的调整来实现。因此需要时间。显然，温度越低，体积收缩速率越小。在高于 T_g 的温度上，体积收缩速率大于冷却速率。在每一温度下，高聚物的体积都可以达到平衡值；当高聚物冷却到某一温度时，体积收缩速率和冷却速率相当；继续冷却，体积收缩速率已跟不上冷却速率，此时试样的体积大于该温度下的平衡体积值。因此，在比容-温度曲线上将出现转折，转折点所对应的温度即为这个冷却速率下的 T_g。显然冷却速率越快，要求体积收缩速率也越快（即链段运动的松弛时间越短）。因此，测得的 T_g 越高；另一方面，如冷却速率慢到高分子试样能建立平衡体积时，则比容-温度曲线上不出现转折，即不出现玻璃化转变。

自由体积理论认为："自由体积"包括具有分子尺寸的空穴和堆砌缺陷等。这种体积是分子赖以构象重排和移动的场所，对温度、压力、溶剂等因素特别敏感，见图 4-11。玻璃化转变温度以下时，高分子体积随温度升高而发生的膨胀是由于固有体积的膨胀。即玻璃化转变温度以下，聚合物的自由体积几乎是不变的；但当温度在 T_g 以下时，升高温度，只发生正常的分子膨胀，包括大分子的分子振动幅度的增加和键长的变化；T_g 以上时，高分子的膨胀包括：正常的分子膨胀，以及自由体积解冻后而膨胀的部分，自由体积膨胀后为链段的运动提供自由空间，进入运动空间。高分子的玻璃态则可视为等自由体积状态。

三、实验用品

玻璃膨胀计（安瓿瓶、毛细管），一套；KDM 调温电热套，一个。

热电偶数显式测温计（TES-1310），一支；聚苯乙烯（HIPS）树脂颗粒；低型烧杯，一个；秒表，一个；乙二醇；丙三醇。

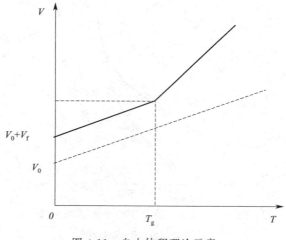

图 4-11　自由体积理论示意

四、实验步骤

（1）洗净玻璃膨胀计，烘干；之后装入 HIPS 颗粒至安瓿瓶的 4/5 体积。

（2）在安瓿瓶中加入乙二醇作指示液，用玻璃棒搅动，使瓶内无气泡。

（3）用乙二醇将安瓿瓶装满，插入毛细管，液柱即沿毛细管上升，磨口接头用橡皮筋固定，用滤纸擦去溢出的液体；如果发现管内有气泡必须重装。

（4）将装好的膨胀计固定在夹具上，让安瓿瓶浸入油浴中，毛细管伸出水浴以便读数；热电偶数显式测温计的感温探头置于油浴中。

（5）接通电源，控制丙三醇油浴升温速率为 2℃/min，每升高 5℃读毛细管内液面高度一次，在 75～100℃之间每升高 4℃或 2℃读一次液面高度，直至 115℃为止。

数据记录见表 4-6。

表 4-6　数据记录

实验数据点	实验数据记录	
	温度/℃	毛细管液面显示的体积/mL
1		
2		
3		
4		
5		
6		
7		
8		
9		
10		

以毛细管液面显示的体积对温度作图，从曲线的拐点求出 T_g。

五、思考题

(1) 用自由体积理论解释玻璃化转变过程。

(2) 玻璃化转变温度是不是热力学转变温度？为什么？

参 考 资 料

[1] 何曼君等. 高分子物理. 上海：复旦大学出版社，2001.

（王兆波）

实验 46　黏度法测定高分子的黏均分子量

一、实验目的

掌握黏度法测定聚合物分子量的原理及实验技术。

二、实验原理

线型高分子材料溶液的基本特性之一就是溶液的黏度比较大，而且其黏度与分子量密切相关，因此可以利用这一特性进行高分子分子量的测定。尽管黏度法是一种相对的测试方法，但是因为测试设备简单且操作很方便，分子量适用范围比较大，有着很好的精确度，因此成为最常用的实验技术，并且在生产和科研中得到广泛应用。

高分子溶液与小分子溶液是不同的，甚至在极稀情况下，高分子溶液仍然具有较大的黏度。黏度表征分子运动时内摩擦力的量度，溶液浓度的增加会导致分子间相互作用力增加，并使得运动阻力明显增大。到目前为止，表示高分子溶液黏度和浓度关系的经验公式很多，但是最常用的是 Huggins 公式

$$\frac{\eta_{sp}}{c} = [\eta] + k[\eta]^2 c \tag{4-7}$$

对于给定的体系，k 是一个常数，它可以表征溶液中高分子的分子之间，以及高分子与溶剂分子之间的相互作用。另一个常用的公式是

$$\frac{\ln\eta_r}{c} = [\eta] - \beta[\eta]^2 c \tag{4-8}$$

式中 k 与 β 均为常数，其中 k 被称为 Huggins 参数。对于柔性链高分子的良溶剂体系，$k=1/3$，$k+\beta=1/2$。如果溶剂变劣，则 k 变大；如果高分子中有支化结构，则随支化度的增高而显著增加。从式(4-7)和式(4-8)中看出，如果用 $\frac{\eta_{sp}}{c}$ 或 $\frac{\ln\eta_r}{c}$ 对 c 作图，并且将曲线外推到 $c \to 0$（即无限稀释的情况），则此时两条直线会在纵坐标上交于一点，其共同截距就是特性黏度 $[\eta]$，此时：

$$\lim_{c \to 0} \frac{\eta_{sp}}{c} = \lim_{c \to 0} \frac{\ln\eta_r}{c} = [\eta] \qquad (4\text{-}9)$$

通常式(4-7) 和式(4-8) 只是在 $\eta_r = 1.2 \sim 2.0$ 范围内是直线关系。当溶液的浓度太高或分子量太大的时候，则均得不到直线，此时只能继续降低溶液的浓度，之后继续进行测试。

特性黏度 $[\eta]$ 的大小受到以下因素的影响。

① 分子量。对于线型或轻度交联的高分子，增大分子量，则 $[\eta]$ 增大。

② 分子形状。当高分子分子量相同时，支化分子的形状趋于球形，其 $[\eta]$ 较线型分子的小一些。

③ 溶剂特性。高分子在良溶剂中，大分子较容易伸展，此时 $[\eta]$ 较大，但是在不良溶剂中，大分子较容易卷曲，此时 $[\eta]$ 较小。

④ 温度。在良溶剂中，温度升高的时候，对 $[\eta]$ 影响不大，但是在不良溶剂中，若温度升高使溶剂变为良好，大分子容易发生伸展，此时 $[\eta]$ 增大。

当高分子化学组成、溶剂、温度确定以后，此时 $[\eta]$ 值只与高分子的分子量有关。常用两参数的马克-霍温（Mark-Houwink）经验公式表示

$$[\eta] = KM^{\alpha} \qquad (4\text{-}10)$$

式中的 K、α 需要经绝对分子量测定方法确定后才可以使用。对于大多数高分子来说，α 的值一般在 $0.5 \sim 1.0$ 之间；在良溶剂中 α 值较大，可以接近 0.8；但是在溶剂能力减弱的时候，α 值会降低；而在 θ 溶液中，$\alpha = 0.5$。

三、实验用品

乌氏黏度计，一支；秒表，一块；25mL 的容量瓶，2 个；分析天平，一台；恒温槽装置，一套（包括玻璃缸、电动搅拌器、调压器、加热器、继电器、一支接点温度计，一支 50℃十分之一刻度的温度计等）；3# 玻璃砂芯漏斗，一个；加压过滤器，一套；50mL 针筒。聚苯乙烯样品。环己烷。

四、实验步骤

(1) 装配恒温槽及调节温度

在实验中，温度的控制对于本实验结果的准确性有很大影响，温度的精度要求准确到 ±0.05℃；水槽温度要调节到 35℃±0.05℃。

(2) 聚合物溶液的配制

用黏度法来测高分子的分子量，在选择高分子-溶剂体系的时候，常数 K、α 值必须是已知参数，所采用溶剂应该具有稳定、易得、易于纯化、挥发性小、毒性小等特点。为了控制测定过程中的 η_r 在 $1.2 \sim 2.0$ 之间，高分子溶液的浓度一般为 $0.001 \sim 0.01$g/mL。另外，在测定前的数天，事先用 25mL 容量瓶把试样溶解好。

(3) 把配制好的高分子溶液用干燥的 3# 玻璃砂芯漏斗，经过加压过滤到 25mL 的容量

瓶中。

（4）溶液流出时间的测定

把洁净乌氏黏度计（如图 4-12）的 B 管、C 管，套上医用胶管，垂直夹持在恒温槽中，用移液管吸取 10mL 溶液，自 A 管注入黏度计，恒温 15min，用一只手捏住 C 管上的医用胶管，用针筒从 B 管把高分子溶液缓慢地抽到 G 球，停止抽气，把连接 B 管、C 管的胶管同时松开，使得空气可以进入到 D 球，这时候 B 管内的溶液会发生慢慢下降，至弯月面降到刻度 a 的时候，注意按秒表开始计时，直到弯月面到刻度为 b 的时候，再次按停表；记下高分子溶液流经 a、b 间所需要的时间 t_1；如此进行重复测试，取流出时间相差不超过 0.2s 的连续 3 次的测试结果，进行平均。需要注意的是：有时候相邻两次之差虽不超过 0.2s，但是连续所得的数据出现递增或递减（表明溶液体系应该是未达到平衡状态）的现象，这样测试所得的数据是不可靠的，可能是温度不恒定或浓度存在不均匀问题，应继续进行测量。

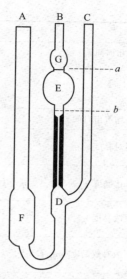

图 4-12　乌氏黏度计

（5）稀释法测一系列溶液的流出时间

因液柱的高度与 A 管内的液面高低没有关系，因此流出时间与 A 管内试液的体积不存在关系，这样就可以直接在黏度计的内部，对高分子溶液进行一系列稀释。先用移液管加入黏度计溶剂 5mL，此时黏度计中溶液的浓度就变为起始浓度的 2/3。加入溶剂之后，用针筒鼓泡并抽上 G 球 3 次，使黏度计内部的浓度达到均匀一致，抽的时候要慢，不能有气泡被抽上去；等到高分子溶液的温度恒定之后，再进行实验测定。采用同样方法，依次再加入黏度计内溶剂 5mL、10mL、15mL，这样使得溶液浓度变为起始浓度的 1/2、1/3、1/4；然后分别进行测定。

（6）纯溶剂的流经时间测定

倒出黏度计中的全部溶液，用溶剂洗涤黏度计数遍。注意，黏度计的毛细管要用针筒进行抽洗。洗净之后，加入溶剂，按照上述步骤（4）操作，测定溶剂的流出时间，记作 t_0。

（7）数据处理

① 记录数据

实验恒温温度_____；纯溶剂_____；纯溶剂密度 ρ_0 _____；溶剂流出时间 t_0 _____；试样名称_____；试样浓度 c_0 _____；查阅聚合物手册，聚合物在该溶剂中的 K、α 值分别为_____、_____。

② 把溶剂的加入量、测定的流出时间列成表格（表 4-7）。

表 4-7　数据记录

序号	1	2	3	4	5
溶液体积/mL					
c_i/(g/mL)					

续表

序号		1	2	3	4	5
流出时间 t/s 第1次 第2次 第3次						
平均流出时间 $\bar{t}/s$						
相对黏度 $\eta_r=\dfrac{\eta}{\eta_0}=\dfrac{\bar{t}}{\bar{t}_0}$						
增比黏度 $\eta_{sp}=\dfrac{\eta-\eta_0}{\eta_0}=\eta_r-1$						
比浓黏度 η_{sp}/C						
比浓对数黏度 $\ln\eta_r/C$						
特征黏度 $[\eta]=\lim\limits_{c\to 0}\dfrac{\eta_{sp}}{C}$						

用 η_{sp}/c-c 及 $\ln\eta_r/c$-c 作图，外推至 $c\to0$ 求 $[\eta]$。

用浓度 c 为横坐标，η_{sp}/c 和 $\ln\eta_r/c$ 分别为纵坐标；根据表 4-7 数据作图，截距即为特性黏度 $[\eta]$。

③ 求出特性黏数 $[\eta]$ 之后，代入方程式 $[\eta]=KM^\alpha$，就可以算出聚合物的分子量 $\bar{M}_\eta$，此分子量称为黏均分子量。

五、思考题

(1) 用黏度法测定聚合物分子量的依据是什么？

(2) 从聚合物手册上查 K、α 值时要注意什么？为什么？

(3) 外推求 $[\eta]$ 时两条直线的张角有什么有关？

参 考 文 献

[1] 钱人元等. 高聚物的分子量测定. 北京：科学出版社，1958.
[2] 复旦大学高分子化学教研组. 高聚物的分子量测定. 上海：上海科技编译馆，1965.

（王兆波）

实验 47　膨胀计法测定自由基聚合反应速率

一、实验目的

(1) 掌握膨胀计法测定聚合反应速率的原理和方法。

（2）了解动力学实验数据的处理和计算方法。

二、实验原理

聚合反应中的聚合动力学主要是研究聚合过程的聚合速率、分子量与引发剂浓度、单体浓度、聚合温度等相关因素之间的定量关系。

对于连锁聚合反应，通常包括三个自由基反应，即引发反应、增长反应、终止反应；如果采用引发剂引发，则其反应式及动力学如下：

引发：

$$I \xrightarrow{k_d} 2R^\cdot$$

$$R^\cdot + M \longrightarrow M^\cdot$$

$$R_i = 2fk_d[I] \tag{4-11}$$

增长：

$$M_n^\cdot + M \xrightarrow{k_p} M_{n+1}^\cdot$$

$$R_p = k_p[M^\cdot][M] \tag{4-12}$$

终止：

$$M_m^\cdot + M_n^\cdot \xrightarrow{k_t} p$$

$$R_t = k_t[M^\cdot]^2 \tag{4-13}$$

在式（4-11）、式（4-12）、式（4-13）中，R_i、R_p、R_t、k_d、k_p、k_t 分别表示各步自由基反应的反应速率及反应速率常数；f 则表示引发剂的引发效率；[ ] 表示的是浓度。

对于聚合反应过程的聚合速率，可以用单位时间内的单体消耗量进行表示，也可以采用单位时间内的高分子产物生成量来进行表示。也就是说，可以认为聚合速率应等于单体的消失速率，即 $R \equiv -\dfrac{d[M]}{dt}$；只有在增长反应中才会消耗大量单体，因而等于增长的反应速率；在低转化率情况下，稳态条件可以认为是成立的，此时 $R_i = R_t$，则聚合反应的聚合反应速率可以表达为：

$$-\frac{d[M]}{dt} = k_p \left(\frac{2fk_d}{k_t}\right)^{1/2} [I]^{1/2}[M] = K[I]^{1/2}[M] \tag{4-14}$$

式中，K 为聚合反应总速率常数。

当单体小分子通过聚合而转化为高分子时，由于高分子产物的密度比单体小分子密度要大，因此在聚合过程中，聚合反应体系的体积将发生一定程度的收缩；根据聚合过程中体积的变化，定量测试后，可计算出聚合反应中单体的转化率。

通常测试聚合速率的方法有直接法和间接法。

对于直接法测试聚合速率，又包括化学分析法、蒸发法及沉淀法。最常用的直接法就是沉淀法，也就是在聚合过程中进行定期取样，加入沉淀剂使产物高分子发生沉淀，然后进行分离、精制、干燥及称重，并求得高分子产物的质量。

对于间接法测试聚合速率，就是测定聚合过程中聚合体系的比容、黏度、折射率、介电常数、吸收光谱等物性变化，并间接求出高分子产物的质量。

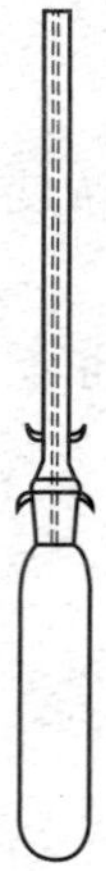

膨胀计法测试聚合速率就是利用在聚合过程中，反应体系体积的收缩与单体转化率之间存在的线性关系。玻璃膨胀计是上部装有毛细管的特殊聚合反应器，如图 4-13 所示。聚合过程中体系的体积变化，可以直接从毛细管液面下降的刻度读出。

根据式(4-15)计算转化率：

$$C = \frac{V'}{V} \times 100\% \tag{4-15}$$

式(4-15)中 C 是转化率。而 V' 则表示不同反应时间 t 所对应的体系体积收缩数，这个数据可以从膨胀计的毛细管刻度读出；V 则表示该容量下单体 100% 转化为高分子时所对应的总体积收缩数。

$$V = V_M - V_P = V_M - V_M \frac{d_M}{d_P} \tag{4-16}$$

图 4-13 玻璃
膨胀计示意

式(4-16)中 d 代表密度，而下标 M、P 则分别表示单体小分子和高分子产物。

本实验中采用过氧化二苯甲酰（BPO）作为引发剂，引发甲基丙烯酸甲酯（MMA）单体在 60℃ 的温度下进行聚合反应。MMA 单体小分子在 60℃ 的相对密度取 $d_M^{60} = 0.8957$，聚甲基丙烯酸甲酯（PMMA）高分子在该温度下的相对密度取 $d_P^{60} = 1.179$。

三、实验用品

实验仪器及用品：膨胀计；烧杯；恒温水浴；精密温度计；铁架台；橡皮筋；秒表；甲基丙烯酸甲酯单体（MMA）；过氧化二苯甲酰（BPO）；丙酮。

四、实验步骤

首先称取 15g 的 MMA 单体和 0.15g 的 BPO 引发剂，之后将其在 50mL 烧杯内进行混合，然后将混合物倒入膨胀计的下部，一直到半磨口的位置停止，再插上玻璃毛细管，此时毛细管内部的液面会上升至毛细管（1/4～1/3）的刻度处。认真检查膨胀计的内部，确认膨胀计内没有气泡后，用橡皮筋将毛细管与其下部紧紧固定在一起。

将装有反应物的膨胀计浸入（60±0.5）℃的恒温水浴中。由于热膨胀的原因，刚浸入水浴时，毛细管内反应物的液面会不断上升，这是反应体系受到热膨胀的结果；等到液面稳定不动时，此时则可认为体系达到热平衡状态。记录下此时的时间以及此时膨胀计的毛细管液面高度，作为实验的起点，一直观察液面的变化；待毛细管内的液面一开始下降，则表示聚合反应开始，开始计时；随后，每隔 5min 读一次毛细管体积变化，直到实验结束。

建议：一般需要做 6 个点左右。如果反应时间继续延长，反应体系的黏度增大，会导致毛细管难以取下。

五、数据处理

（1）诱导期。从反应体系到达热平衡状态至反应开始为止的这段时间，被称为诱导期。

（2）转化率-时间（C-t）曲线。根据式(4-15)和式(4-16)求得不同反应时间 t 下的单体转化率 C。用 C 对 t 作图可以获得 C-t 曲线。从曲线的斜率求出反应速率 $R=[M]_0\dfrac{\mathrm{d}C}{\mathrm{d}t}$，以 mol/L·min 表示。

（3）反应总速率常数。式(4-14)可重写为：$-\dfrac{\mathrm{d}[M]}{M}=k[I]^{1/2}\mathrm{d}t$ 积分，得：

$$\ln\frac{[M]_0}{[M]}=k[I]^{1/2}t$$

$$\ln\frac{1}{1-C}=k[I]^{1/2}t$$

式中，$[M]_0$ 为起始单体浓度。

以 $\ln\dfrac{1}{1-C}$ 对 t 作图，曲线的斜率为 $k[I]^{1/2}$；在低单体转化率情况下，$[I]$ 可认为是不变的，即 $[I]$ 等于引发剂的起始浓度 $[I]_0$，则可得到聚合反应的总速率常数 K。

若已知 BPO 引发剂在 60℃时的 k_d 及引发 MMA 的引发效率 f，查出在 60℃的条件下：$k_d=1.12\times10^{-5}\mathrm{s}^{-1}$，$f=0.492$ 时，则可以进一步计算求得 $k_p/K_t^{1/2}$。

六、思考题

（1）分析在实验过程中诱导期产生的原因。
（2）在本实验的操作中，应注意哪些事项？
（3）对自由基聚合动力学方程进行描述和解释。

参 考 文 献

[1] Edward L. McCaffery. Laboratory preparation for macromolecular chemistry. Mcgraw-Hill Book，1970.

（王兆波）

实验 48 橡胶拉伸强度的测试

一、实验目的

（1）掌握拉伸试样的制备、拉伸性能的测试内容、测试原理。
（2）了解电子拉力机的结构、工作原理、操作过程。
（3）掌握实验结果的分析。

（4）掌握影响拉伸性能的因素。

二、实验原理

测定硫化胶拉伸性能采用的是拉力试验机。更换夹持器后，还可进行拉伸、压缩、弯曲、剪切、剥离和撕裂等力学性能试验。目前测定硫化胶试样的拉伸性能多采用电子拉力试验机。

三、实验用品

电子拉力试验机基本上是由机架、测伸装置和控制台组成。机架包括引导活动十字头的两根主柱，十字头用两根丝杠传动，而丝杠由交流电机和变速箱控制；电机与变速箱用皮带和皮带轮连接；伺服控制键盘包括上升、下降、复位、变速、停止等功能。

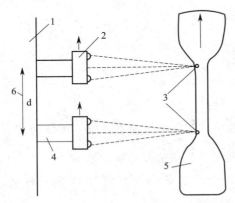

图 4-14　红外型测伸长计原理

1—伸长测定装置机身；2—上跟踪头；3—标记；
4—下跟踪头；5—试样；6—伸长累积转换器

（1）测力系统。测力系统采用无惰性的负荷传感器，可以根据测量的需要更换传感器，以适应测量精度范围。由于不采用杠杆和摆锤测量，减少机械摩擦和惰性，从而大大提高测量精度。

（2）测伸长装置

① 红外线非接触式伸长计。这种伸长计是在跟踪器上采用红外线，可以自动寻找、探测和跟踪加在试样上的标记。这种红外线测伸长计操作简便，适用于生产质量控制试验，如图 4-14 所示。

② 接触式测伸长计。其原理基本与非接触式测伸长计相似。它是采用两个接触式夹头夹在试样标线上，其接触压力约为 0.50N。当试样伸长时带动两个夹持在试样标线的夹头移动，这两个夹头由两条绳索与一个多圈电位器相连。两个夹头的位移使绳索的抽出量发生变化，也就改变电位器的阻值，因而也改变代表应变值的能量，其数值由记录或显示装置示出。

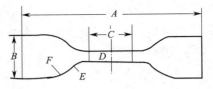

图 4-15　哑铃形试样

（3）试样准备

① 硫化完毕的硫化胶试样片，需要在室温条件下停放 16h 以后，选用标准的裁刀裁切出哑铃形的试样。裁刀分为 1 型、2 型、3 型、4 型。其中 1 型为通用型，根据胶料的具体情况选用适用性好的裁刀。裁刀各部位具体尺寸见图 4-15 和表 4-8。

表 4-8　裁刀各部位尺寸　　　　　　　　　　　　　　　　　单位：mm

部位	1 型	2 型	3 型	4 型
总长 A	115	75	110	60
端头宽度 B	25±1	12.5±1.0	25±1	4.0±0.5
两工作标线间距离 C	25±0.5	25±0.5	25±0.5	25±0.5

部位	1型	2型	3型	4型
工作部分宽度 D	6.0±0.40	4.0±0.1	3.2±0.1	1.0±0.1
小半径 E	14±1	8.0±0.5	14±1	30±1
大半径 F	25±2	12.5±1.0	20±1	—
厚度	2.00±0.03	2.00±0.03	2.00±0.03	1.00±0.10

② 1型、2型、3型试样应从厚度为 (2.00±0.03)mm 的硫化胶片上裁切；4型试样应从厚度为 (1.00±0.10)mm 的硫化胶片上裁切。

③ 硫化胶的试样裁切方向应保证其拉伸受力的方向与压延方向一致。在裁切的时候，用力要均匀，并且以中性肥皂水或洁净的自来水湿试样片（或刀具）；如果试样一次裁不下来，应舍弃掉，不应再重复旧痕进行裁切，否则会影响试样的规则性。另外，为了保护好裁刀，应在硫化胶片的下面垫铅板及硬纸板。

④ 裁刀用毕，应立即拭干、涂油，妥善放置，以防损坏刀刃。

⑤ 在硫化胶测试试样的中部，采用不会影响试样性能的印色，按照表 4-8 要求印两条平行的标线，要求每一条标线应与试样的中心等距离。

⑥ 采用厚度计测量一下试样标距内的厚度，应该测量三个点：一个点在试样的工作部分中心处，另外两个点应该在两条标线的附近；取这三个测量值的中值作为工作部分的厚度。

四、实验步骤

（1）将硫化胶的试样对称且垂直地夹在拉伸机的上、下夹持器上，之后开动设备，使下夹持器以 (500±50)mm/min 的拉伸速度对试样进行拉伸，并采用测伸指针或标尺跟踪硫化胶试样的工作标线。

（2）根据试验测试的要求，记录好试样被拉伸到规定伸长率时的负荷、扯断时的负荷以及测试样品的扯断伸长率（ε）。对于电子拉力机，自身带有自动记录和绘图装置，则可得到负荷-伸长率的关系曲线，这些结果就可以方便地从该曲线上查出。

（3）测定应力伸长率时，可将试样的原始截面积乘上给定应力，计算出试样所需的负荷，拉伸试样至该负荷值时，立即记下试样的伸长率（如试验机可绘出应力-应变曲线，也可从该曲线上查出）。

（4）测定永久变形时，将断裂后的试样放置 3min，再把断裂的两部分吻合在一起。用精度为 0.5mm 的量具测量试样的标距并计算永久变形值。

（5）试验结果的计算

① 定伸应力和拉伸强度按式(4-17)计算：

$$\sigma = \frac{F}{bd} \tag{4-17}$$

式中 σ——定伸应力或拉伸强度，MPa 或 kgf/cm^3；

　　　　F——试样所受的作用力，N 或 kgf；

　　　　b——试样工作部分宽度，mm；

　　　　d——试样工作部分厚度，mm。

　　② 定应力伸长率和扯断伸长率按式(4-18) 计算：

$$\varepsilon = \frac{L_1 - L_0}{L_0} \times 100 \tag{4-18}$$

式中　ε——定应力伸长率或扯断伸长率，%；

　　　　L_1——试样达到规定应力或扯断时的标距，mm；

　　　　L_0——试样初始标距，mm。

　　③ 拉伸永久变形按式(4-19) 计算：

$$H = \frac{L_2 - L_0}{L_0} \times 100 \tag{4-19}$$

式中　H——扯断永久变形，%；

　　　　L_2——试样扯断后停放 3min 后对应的标距，mm；

　　　　L_0——试样初始标距，mm。

　　拉伸性能试验中所需的试样数量应不少于 3 个。但是，对于一些鉴定、仲裁等试验中的试样数量应不少于 5 个，要取全部测试数据中的中位数。将试验所得的数据按数值递增的顺序进行排列。如果试验数据为奇数，则取其中间数值作为中位数；如果试验数据为偶数，那么就取其中间的两个数值的算术平均值，作为中位数。

　　(6) 试验影响因素。影响硫化胶样品的拉伸性能试验因素很多，但是可以分为两个方面：一是工艺过程对性能的影响；二是试验条件对性能的影响。

　　① 试验温度的影响。温度对硫化胶的拉伸性能有较大影响。一般来说，橡胶的拉伸强度和定伸应力是随温度的增高而逐渐下降，扯断伸长率则有所增加；对于结晶速度不同的胶种影响更明显。在 GB/T 2941—2006 标准中规定试验温度为 （23±2)℃。

　　一般来说，其变化规律是：随室温升高，拉伸强度、定伸应力降低，而扯断伸长率则提高。

　　② 试样宽度的影响。对于硫化胶样品，即使是采用同一工艺条件所制作的试样，由于工作部分宽度不同，所测试得到的结果也不同。对于不同规格的试样，所测得的试验结果是没有可比性的。同一种试样的工作部分越宽，则其拉伸强度和扯断伸长率相对较低。产生这一现象的原因可能是：在胶料中会存在一些微观缺陷，虽经过混炼，但是这些微观缺陷并没能消除，工作部分的面积越大，则存在这些缺陷的概率也相对越大；而且在测试过程中，试样的各部分受力并不均匀，相比较而言，试样边缘部分的应力要大于试样中间的应力且试样越宽，则差别越大，这种边缘应力的集中是造成测试样品早期发生断裂的原因。

　　③ 试样厚度的影响。硫化橡胶在进行拉伸性能试验的时候，国家标准规定试样厚度为(2.0±0.3)mm。随着试样厚度的增加，其拉伸强度和扯断伸长率都会发生一定程度的降低。产生这种原因除了试样在拉伸时各部分受力不均匀外，还有试样在制备过程中，裁取的

试样断面形状不同。在裁取试样时，试样越厚，变形越大，导致试样的断面面积减少。所以，拉伸强度和扯断伸长率比薄试样偏低。

④ 拉伸速度的影响。硫化胶在进行拉伸性能试验时，国家标准规定拉伸速度为500mm/min；拉伸速度越快，拉伸强度越高。但在 200～500mm/min 这一段速度范围内，对试验结果的影响不太显著。

⑤ 试样停放时间的影响。硫化后的橡胶试样必须在室温下停放一定时间后才能进行试验。在 GB/T 2941—2006 标准中规定，停放时间不能小于 16h，最多不得超过 15d。

试验结果表明：停放时间对拉伸强度的影响不十分显著，拉伸强度随停放时间的延长而稍有增大。产生这种现象的原因可能是试样在加工过程中因受热和机械的作用而产生内应力，放置一定时间可使其内应力逐渐趋向均匀分布，以致消失。因而在拉伸过程中就会均匀地受到应力作用，不会因局部应力集中而造成早期破坏。

⑥ 压延方向与试样夹持状态。硫化胶在进行拉伸性能试验时，应该注意压延方向。在 GB/T 528—2009 的标准中有明确规定，片状的试样在拉伸时，其受力方向应与其压延、压出的方向一致，否则测试结果会出现显著降低。

平行于压延方向的拉伸强度比垂直压延方向的拉伸强度高。测试的试样应被垂直夹持；否则，将会由于试样的倾斜，而造成受力以及变形的不均匀，并削弱试样内部的分子间作用力，导致测试结果的降低。

五、思考题

(1) 造成不同分子结构高分子材料的应力-应变曲线的差异原因是什么？

(2) 拉伸速率和测试温度对测试数据有何影响？

(3) 通过应力-应变曲线，如何求出拉伸强度、屈服强度和断裂伸长率，如何用应力-应变曲线预测材料的冲击性能好坏？

参 考 文 献

[1] 何曼君等 . 高分子物理 . 上海：复旦大学出版社，2001.

[2] GB/T 528—2009 硫化橡胶或热塑性橡胶拉伸应力应变性能的测定 .

（王兆波、叶林忠）

实验 49 四端子法和四探针法测量半导体的电阻率

一、实验目的

(1) 掌握四端子法测量半导体粉末的原理及方法。

(2) 了解四探针法测量块状、片状半导体电阻率的原理及方法。

(3) 了解影响电阻率测试结果的因素。

二、实验原理

电阻率是半导体材料的重要参数之一。材料的电阻率与半导体器件性能有着十分密切的关系，因此对电阻率的精确测量成为重要的物理实验之一，也是工程技术人员必须掌握的基本技能。

仪器通过四端子法和四探针法对半导体材料进行电阻率测量，具有测量精度高、稳定性好、使用方便等特点。本仪器适用于对半导体粉末及块状、片状半导体材料的电阻率测试。

（1）四端子法测试原理

① 电阻测量原理。我们根据四端子的"电流-电压降"测试方法，选择该仪器的电气部分是由高精度的恒流源与高灵敏度的数字电压等两大部分组成，可以由仪器输出直流的恒定电源，从而在被测件上可产生比较微弱的电压降，接着再由仪器输入端子将该电压信号输入仪器中，最后经过内部电路放大，以数字形式显示出来测量结果：

$$R = V/I \tag{4-20}$$

② 电阻率的测量。可将标准试样平稳放入专用的测试架上，然后在试样两个断面之上选择由仪器输入相关直流的恒定电流，由夹具电位测出该电流电压降，如图 4-16 所示。

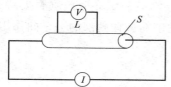

图 4-16　电阻率测量示意

试样电阻率：

$$\rho = VS/IL = V\pi D^2/4IL \tag{4-21}$$

式中，V 为电位电极上电压降；参数 I 为通过试样电流；参数 S 为试样截面积；L 为电位电极距离；D 为圆柱形试样直径。

为了使仪器能直接显示试样的电阻率值，我们设定：

$$I = S/L = \pi D^2/4L = K \tag{4-22}$$

式中，K 为体积修正系数。

则 $\rho = V$ 可由电压表直接读出，因此仪器中设置电流调节功能，查表可得出不同电位电极 L、D 和应调节的体积修正系数。

（2）四探针法测试原理

如图 4-17 所示，当采用的 1、2、3、4 四根金属探针完全排成一直线后，再以一定压力把它们压在半导体材料表面上，并在 1、4 两探针之间通过电流 I；而 2、3 两个探针间产生新的电位差 V，从而可以得到材料电阻率：

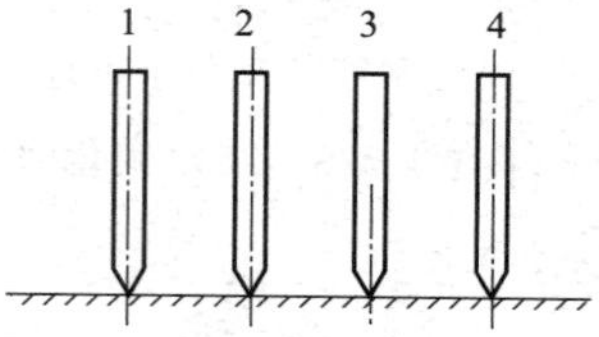

图 4-17　四探针测量原理

$$\rho = CV/I \tag{4-23}$$

式（4-23）中 C 是探针系数，可以由探针的几何位置来决定。已知当试样的电阻率分布比较均匀，而且试样的尺寸必须满足半无限大的条件时：

$$C = \frac{2\pi}{\dfrac{1}{S_1} + \dfrac{1}{S_2} - \dfrac{1}{S_1 + S_2} - \dfrac{1}{S_2 + S_3}} \tag{4-24}$$

式（4-24）中参数 S_1、S_2、S_3 分别为不同探针 1 与 2 之间、探针 2 与 3 之间、探针 3 与 4 之间的间距，探头系数由制造厂对探针间距进行测定后确定，并提供给用户。当 $S_1 = S_2 = S_3 = 1\text{mm}$ 时，$C = 2\pi \approx 6.28 \pm 0.05$，其单位为 cm。如果电流采取 $I = C$ 时，则 $\rho = V$，那么可由数字电压表来直接读出。

① 块状或棒状的样品测量体电阻率。块状和棒状的样品由于外形尺寸远大于探针间距，完全合乎半无限大的边界条件，则电阻率值直接由式（4-23）和式（4-24）求出。

② 测量薄片电阻率。由于薄片样品其厚度和探针间距比较小，因而不能忽略，则测量时需要提供实时的样品厚度、形状以及测量位置的修正系数。电阻率由下式（4-25）计算：

$$\rho = C\frac{V}{I}G\left(\frac{W}{S}\right)D\left(\frac{d}{S}\right) = \rho_0 G\left(\frac{W}{S}\right)D\left(\frac{d}{S}\right) \tag{4-25}$$

式中，ρ_0 为块状体的电阻率测量值；其中 W 为样品厚度；S 为探针间距；d 为样品的宽度或长度；$G\left(\frac{W}{S}\right)$ 为样品的厚度和探针的间距之间换算后的修正函数；$D\left(\frac{d}{S}\right)$ 为样品的形状和测量位置的修正函数。其修正函数可由相关仪器厂家所提供的附表查得。

当圆形硅片厚度可以满足 $W/S < 0.5$ 时，电阻率为：

$$\rho = \rho_0 \frac{W}{S}\frac{1}{2\text{Ln}2}D\left(\frac{d}{S}\right) \tag{4-26}$$

式中，Ln2 为 2 的自然对数。

当忽略探针的几何修正系数时，即认为 $C = 2\pi S$ 时

$$\rho = \frac{\pi VW}{I\text{Ln}2}D\left(\frac{d}{S}\right) = 4.53\frac{VW}{I}D\left(\frac{d}{S}\right) \tag{4-27}$$

③ 测量扩散层方块电阻

如果半导体的薄层尺寸可以满足半无限大的平面条件，则采用式（4-28）：

$$R_0 = \frac{\pi}{\text{Ln}2}\left(\frac{V}{I}\right) = 4.53\frac{V}{I} \tag{4-28}$$

若取 $I = 4.53$，则 R_0 值可由 V 表中直接读出。

三、实验用品

FZ-2010 型半导体粉末电阻率测试仪主要包括电气设备、测试台（粉末测试台和四探针测试台）两大部分，可以根据测试需要选择不同的测试台。

（1）电气设备

电气箱为仪器的主要电气部分，在其面板上有数字和单位显示板以及操作按钮和开关。其中，恒流源具有 100mA、10mA、1mA、100μA、10μA、1μA 六个量程恒流输出，电压测量部分具有 0.2mV、2mV、20mV、200mV、2V 五个量程挡。电流输出和电压测量配合，自动组成电阻测试的各量程见表 4-9。

表 4-9　自动组成电阻测试的各量程

电阻　电压　电流	0.2V	2V	20V	200V	2V
100mA	2mΩ	20mΩ	200mΩ	2Ω	20Ω
10mA	20mΩ	200mΩ	2Ω	20Ω	200Ω
1mA	200mΩ	2Ω	20Ω	200Ω	2KΩ
0.1mA	2Ω	20Ω	200Ω	2kΩ	20KΩ
0.01mA	20Ω	200Ω	2KΩ	20KΩ	200KΩ

（2）测试台

粉末测试台由加压系统、粉末试样容器、测试台等构成。四探针测试台由探头及压力传动机构、样品台构成。

四、实验步骤

（1）测试准备

仪器放入测试温度为（23±2）℃，湿度＜65％的环境内 1h。将仪器和测试台的 220V 电源插入电源插座，电源开关置于断开位置，将四端子测试线的插头与电气箱的输入插座连接起来，清理测试电极、粉末试样容器。启动电源开关置于开启位置，数字显示窗亮。

高度基准：在未加压力前（测试的"上电极未接触试样"），调节测试台上的压力调零旋钮，使压力显示为"0000"±1。

仪器自校及测试台高度校准：测试台上将试样容器放入定位座中，并在容器中放入高度基准块（10mm）。旋动加压手柄，调整上电极接触至基准块，加以额定压力，再将高度尺上的按零旋钮按下，使数字显示为"0000"，则高度基准已调好（此时实际高度为 10.00mm）。

（2）"I 调节"与"自校"的操作

① 测量电流值的调节。功能开关置于"I 调节"位置，电流量程开关与电压量程开关必须放在表 4-10 所列的任一组对应位置。

表 4-10　电流调节和自校时必须对应的电流电压量程

电压量程	2V	200mV	20mV	2mV	0.2mV
电流量程	100mA	10mA	1mA	0.1mA	0.01mA

按下电流开关，调节电流电位器。可以使电流输出从 0～1000，直到数字显示出测量所需要的电流值（如 6.24、4.53 等）为止。当电流调节电位器顶端 100 时数字显示为"1000±2"，是相应电流量程的满度值，准确的电流值应由数字显示读出。只要调节好某一量程电流输出值后，其他各量程的电流会按此数字输出，不同数量级的电流值（字）其误差为±2。一旦电流值调节好后，不必每次测量都调节。

② 仪器自校。为了校验电气箱中数字电压表和恒流源的精度，仪器内部装有精度为 0.02％的标准电阻，供校验之用。自校时，将测量选择开关置于"电阻"位置，工作选择开关置于"自校"位置，电流量程开关和电压量程开关按表 4-10 所示进行。调节好零位，按下电流开关则数字显示板显示出"19.9X"，各量程数值误差（字）为±6。如果数值超差，

可以调节机内压板上"I调节"窗孔，使数字恢复到"19.9X"值。

（3）测量

四端子插头中两个黑色夹为电位电极夹头，红色夹为电流电极夹头。

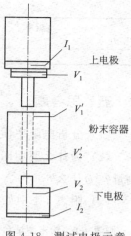

图 4-18 测试电极示意

① 确定电位电极测试方法。若采用电位电极固定法，可将电位电线接到固定电极 V_1、V_2 上。若采用电位电极变动法，可将电位电线接到 V'_1、V'_2 上，如图 4-18 所示。

将基准高度块从试样容器中取出，将一定量（加压后高度大于16mm）的粉末试样倒进（或通过加料漏斗）试样容器中，然后将试样容器放入测试定位座内。

旋动加压手轮：当上电极接触到粉末试样时，压力开始增加，压力显示屏有相应的压力显示，直至压力稳加到某一规定的压力时为止。

观察试样高度：在施加一规定压力后，观察高度数值显示值，试样实际高度＝高度数字显示值＋10mm；要求每次试样加压后高度误差＜2%，否则应重新取样。

② 若采用电位电极变化测试法，应将加压后测出的试样高度在附表 4-1 中查出体积修正系数 K 值，并将仪器"功能"开关拨到"I调节"挡。按入电流开关，调节电流调节电位器，使数字显示值与查出的 K 值相同，然后退出电流开关按钮。

若采用电位电极固定法测量，V_1、V_2 间距离 $L＝16$mm，查附表 4-1 得 $K＝1304$，在加压后按下电流开关，旋动电流调节电位器，使数字显示为"1304"，则 K 值已调节好，退出电流开关。

采用电位电极变化法测量时，例如从高度尺上显示为 5.5mm，我们知道试样高度 $L＝5.5$mm＋10mm＝15.5mm，查附表 4-1 K 值为 1345，则按上述操作步骤，将电流调节到数字显示为"1345"即可。

③ 电阻率测量。根据试样电阻率范围，按照表 4-10 所示选择好电压和电流量程，单位自行转换为 $\Omega \cdot cm$。如果单位要换算到 $k\Omega \cdot mm^2/m$，可将显示值乘以 10。

功能开关置于"测量"挡，调节电压调零旋钮，使数字表显示为"0000"，然后按入电流开关，数字显示出电阻率值。如果数字显示熄灭只剩下"－1"或"1"，则测量数值已超过此电压量程，应将电压量程拨到更高挡，读数后退出电流开关，数字显示将恢复到零位；否则应重新测量。在仪表处于高灵敏电压挡时更要经常检查零位，再将极性开关拨至下方（负极性），按下电流开关，从数字显示板和单位显示灯可以读出负极性的测量值，将两次测量得的电阻率值取平均，即为样品在该处的电阻率值。

（4）数据处理

数据处理见表 4-11 和表 4-12。

表 4-11 数据处理（一）

样品 电阻率	$\rho/(\Omega \cdot cm)$	$\rho'/(\Omega \cdot cm)$
样品 1		

表 4-12　数据处理（二）

压力　　　　　　电阻率	$\rho_1/(\Omega \cdot cm)$	$\rho_2/(\Omega \cdot cm)$	$\rho_3/(\Omega \cdot cm)$

五、思考题

（1）分析电阻率误差的来源。

（2）为什么要用四端子进行测量？如果只用两个端子，这样能否对样品进行较为准确的测量？为什么？

（3）附表 4-1 中如果没有提供实际测量样品的相关数据，该如何解决？

附表 4-1　粉末测试台修正系数量 $K = \pi D^2/4L$；$D = 16.3mm$（粉末容器直径）；L 为粉末试样高度

L	0.00	0.01	0.02	0.03	0.04	0.05	0.06	0.07	0.08	0.09
15.50	13.46	13.45	13.44	13.43	13.42	13.40	13.40	13.40	13.39	13.38
15.60	13.37	13.36	13.35	13.34	13.34	13.33	13.32	13.31	13.30	13.29
15.70	13.28	13.28	13.27	13.26	13.25	13.24	13.23	13.23	13.22	13.21
15.80	13.20	13.19	13.18	13.18	13.17	13.16	13.15	13.14	13.13	13.13
15.90	13.12	13.11	13.10	13.09	13.08	13.08	13.07	13.06	13.05	13.04
16.00	13.04	13.03	13.02	13.01	13.00	12.99	12.98	12.97	12.96	12.95
16.10	12.95	12.95	12.94	12.93	12.92	12.91	12.91	12.90	12.89	12.88
16.20	12.87	12.87	12.86	12.85	12.84	12.83	12.83	12.82	12.81	12.80
16.30	12.80	12.79	12.78	12.77	12.76	12.76	12.75	12.74	12.73	12.73
16.40	12.72	12.71	12.70	12.69	12.69	12.68	12.67	12.66	12.66	12.65
16.50	12.64	12.63	12.63	12.62	12.61	12.60	12.59	12.59	12.58	12.57
16.60	12.56	12.56	12.55	12.54	12.53	12.53	12.52	12.51	12.50	12.50
16.70	12.49	12.48	12.47	12.47	12.46	12.45	12.44	12.44	12.43	12.42
16.80	12.41	12.41	12.40	12.39	12.39	12.38	12.37	12.36	12.36	12.35
16.90	12.34	12.33	12.33	12.32	12.31	12.30	12.30	12.29	12.28	12.28
17.00	12.27	12.26	12.25	12.25	12.24	12.23	12.23	12.22	12.21	12.20
17.10	12.20	12.19	12.18	12.18	12.17	12.16	12.15	12.15	12.14	12.13
17.20	12.13	12.12	12.11	12.10	12.10	12.09	12.08	12.08	12.07	12.06
17.30	12.06	12.05	12.04	12.04	12.03	12.02	12.01	12.01	12.00	11.99
17.40	11.99	11.98	11.97	11.97	11.96	11.95	11.95	11.94	11.93	11.92
17.50	11.92	11.91	11.90	11.90	11.89	11.88	11.88	11.87	11.86	11.86
17.60	11.85	11.84	11.84	11.83	11.82	11.82	11.81	11.80	11.80	11.79
17.70	11.78	11.78	11.77	11.76	11.76	11.75	11.74	11.74	11.73	11.72
17.80	11.72	11.71	11.70	11.70	11.69	11.68	11.68	11.67	11.66	11.66
17.90	11.65	11.65	11.64	11.63	11.63	11.62	11.61	11.61	11.60	11.59
18.00	11.59	11.58	11.57	11.57	11.56	11.55	11.55	11.54	11.54	11.53

续表

L	0.00	0.01	0.02	0.03	0.04	0.05	0.06	0.07	0.08	0.09
18.10	11.52	11.52	11.51	11.50	11.50	11.49	11.48	11.48	11.47	11.47
18.20	11.46	11.45	11.45	11.44	11.43	11.43	11.42	11.42	11.41	11.40
18.30	11.40	11.39	11.38	11.38	11.37	11.37	11.36	11.35	11.35	11.34
18.40	11.34	11.33	11.32	11.32	11.31	11.30	11.30	11.29	11.29	11.28
18.50	11.27	11.27	11.26	11.26	11.25	11.24	11.24	11.23	11.23	11.22
18.60	11.21	11.21	11.20	11.20	11.19	11.18	11.18	11.17	11.17	11.16
18.70	11.15	11.15	11.14	11.14	11.13	11.12	11.12	11.11	11.11	11.10
18.80	11.09	11.09	11.08	11.08	11.07	11.06	11.06	11.05	11.05	11.04
18.90	11.04	11.03	11.02	11.02	11.01	11.01	11.00	10.99	10.99	10.98
19.00	10.98	10.97	10.97	10.96	10.95	10.95	10.94	10.94	10.93	10.93
19.10	10.92	10.91	10.91	10.90	10.90	10.89	10.89	10.88	10.87	10.87
19.20	10.86	10.86	10.85	10.85	10.84	10.83	10.83	10.82	10.82	10.81
19.30	10.81	10.80	10.80	10.79	10.78	10.78	10.77	10.77	10.76	10.76
19.40	10.75	10.75	10.74	10.73	10.73	10.72	10.72	10.71	10.71	10.70

参 考 文 献

[1] 宿昌厚，鲁效明. 双电测组合法测试半导体电阻率的研究. 半导体学报，2003，24（3）：298-306.
[2] 宿昌厚，鲁效明. 论四探针法测试半导体电阻率时的厚度修正. 计量技术，2005，(8)：5-7.

（马莉莉）

实验 50　卡尔费休法测试材料中微量水分含量

一、实验目的

（1）掌握卡尔费休法的测量原理。
（2）掌握测量液体样品含水量的方法。
（3）了解测量固体及气体样品含水量的方法。
（4）了解仪器的应用范围及误差来源。

二、实验原理

微量水分含量是石化类产品质量控制中的重要指标，微量水的存在会对体系稳定性和使用效果产生很大影响。卡尔费休法操作简单、检测速度快、灵敏度高，满足了石油、化工、电力、医药、农药、粮食等行业各类物质对水分含量测定的较高要求。

1935 年卡尔费休（Karl-Fisher）开始提出一种采用容量分析来测定水的方法，分为容量法和库仑法两类。本实验所采用的测量方法为后者。这是一种电化学方法，其原理是电解池中的卡氏试剂（成分有 I_2、SO_2、C_5H_5N、CH_3OH）含量达到平衡时注入含水的样品，使水参与碘和二氧化硫之间的氧化还原反应，从而在吡啶以及甲醇都存在的情况，可以生成氢碘酸吡啶、甲基硫酸吡啶。该氧化还原反应如式(4-29) 和式(4-30)：

$$H_2O+I_2+SO_2+3C_5H_5N \longrightarrow 2C_5H_5N \cdot HI+C_5H_5N \cdot SO_3 \qquad (4-29)$$

$$C_5H_5N \cdot SO_3+CH_3OH \longrightarrow C_5H_5N \cdot HSO_4CH_3 \qquad (4-30)$$

其中消耗的碘在阳极处电解产生，使氧化还原反应得以不断循环进行，最后直至水分被全部耗尽；而且在电解过程中，双铂电极的反应如式(4-31)、式(4-32) 和式(4-33)：

阳极处： $$2I^- -2e \longrightarrow I_2 \qquad (4-31)$$

阴极处： $$I_2+2e \longrightarrow 2I^- \qquad (4-32)$$

$$2H^+ +2e \longrightarrow H_2 \uparrow \qquad (4-33)$$

根据法拉第电解定律，我们知道电解产生的碘可以与电解时耗用的电量成正比关系，根据输出电量与电解水分的关系可计算出含水量。从以上反应中可以看出，电解碘的电量等同于电解水的电量，则样品中含水量可通过式(4-34) 计算：

$$\frac{W \times 10^{-6}}{18} = \frac{Q \times 10^{-3}}{2 \times 96493}$$

$$W = \frac{Q}{10.722} \qquad (4-34)$$

式中，W 为样品中的含水量（μg）；Q 为电解电量，mC。

卡尔费休法可适用于多种有机物和无机物的含水量测定，但由于化合物差异，可将其分为直接测定和不能直接测定两种类型。

三、实验用品

SFY-01F 型微量水分测定仪，包括主机、电解池、微量注射器（规格为 $0.5\mu L$ 和 $50\mu L$）及卡氏试剂，无水乙醇，待测样品。

四、实验步骤

(1) 测试准备

① 电解池的清洗、安装、注液处理。

② 搅拌器转速调节。

(2) 仪器自检

① 上电自检。打开主机电源，液晶显示屏显示制造仪器单位、联系方法，按任意一键进入测试状态。仪器显示实测水分、电解电流、测量电位、温度、日期、时间。

② 电解自检。将搅拌器连接至主机，按电解键、启动键，用导线短接电解插座两极，实测水分显示快速计数，断开短接线，应停止计数。

③ 测量自检。用导线短接测量插座两极，电解电流显示为 000，测量电位显示 -1.3 左右。

（3）电解池平衡状态调整

① 过碘状态的调整。按下电解键（电解按键灯亮），测量电位显示为负值，电解电流显示为 0，说明仪器为过碘状态。可以用进样器抽取适当纯水，通过样品注入口慢慢注入水分，直到测量电位、电解电流显示有数值，实测水分进行计数。当仪器达到终点时，可以进行样品测试。

② 过水状态的调整。电解按键灯亮。如果测量电位显示较高、电解电流显示较大值，实测水分快速计数，说明仪器因受潮或其他原因使电解池内过水，可继续电解，等待停止计数，电解池平衡。

③ 空白电流不稳。如果滴定过程接近结束时测量电位和电解电流显示值来回波动，说明空白电流不稳定。如果电解液更换不久，说明电解池壁上可能吸附水分。这时应停止搅拌，取下电解池，慢慢倾斜转动摇晃，使池壁上水分吸收到电解液中，放回电解池，继续进行电解。可反复几次，直到仪器达到平衡。

（4）仪器标定

当仪器达到初始平衡点而且比较稳定时，可用纯水进行标定。抽取 $0.1\mu L$ 纯水，按"启动"键，把纯水通过进样口注入电解池中，电解自动开始。仪器到达终点后，其结果应为 $(100\pm10)\mu g\ H_2O$，一般标定 2～3 次，显示数字在误差范围内就可以进行样品测定。

（5）仪器设定

按"设定"键，显示屏显示 9 项选择功能：打印、时间、序号、体积、总重、皮重、密度、系数及公式。根据测试样品的不同状态和所需结果选择不同公式进行设定。

$$S/(Z-P) \tag{4-35}$$

$$S/(Z-P) \tag{4-36}$$

说明：式(4-35)、式(4-36) 分别是在已知总重、皮重时求得样品水分的百万分含量 (10^{-6}) 和百分含量（%）。其中 Z（g）为总重，P（g）为皮重，S（μg）为实测的水分量。

$$S/(ZK) \tag{4-37}$$

$$S/(ZK) \tag{4-38}$$

说明：式(4-37)、式(4-38) 为已知加入样品的质量及稀释系数时，求得样品水分的百万分含量 (10^{-6}) 和百分含量（%）。其中 K 为稀释系数。

$$S/(TB) \tag{4-39}$$

$$S/(TB) \tag{4-40}$$

说明：式(4-39)、式(4-40) 为已知样品的体积及样品的密度时，求得样品水分的百万分含量 (10^{-6}) 和百分含量（%）。其中，T（μL）为注入样品体积，B（g/mL）为密度。

（6）液体样品中水分的测定

① 根据被测样品的含水情况选择合适的进样器。

② 用被测样品将注射器冲洗 2～3 次，然后吸入一定量样品。

③ 把样品通过进样口注入电解液中，按下电解，启动开关，电解开始。

④ 测定结束，电解终点指示灯亮，蜂鸣器响，仪器显示数值便为实际所测定的水分。

（7）固体样品中水分的测定

固体含水量的测定和液体含水量的测定方法相同。只是要注意取样应快速，称量应准确。因为进样时需旋出进样旋塞，空气中水分会带入电解池中，所以应先对接固体进样器，待空气中水分电解完后再按启动键，最后旋转固体进样器将固体加入电解池中。固体样品的形状可以是粉末、颗粒、块状（大块状应破碎）。当样品难以溶于电解液时，应通过一些辅助方法或试剂，让样品水分能够充分分散到体系中。

（8）气体样品中水分的测定

气体含水量的测定关键是采样方法。必须随时能够控制进样量的大小，测定时阳极室应注入大约 150mL 的电解液，以保证气体中水分被电解液充分吸收。气体流速应控制在 0.5L/min 左右。

（9）实验记录

实验记录见表 4-13。

表 4-13 实验记录

待测样品体积/μL	待测样品比重/(g/cm³)	实测含水量/μg	样品水分的百万分含量(10^{-6})或百分含量(%)

五、思考题

（1）微量水分测定仪测量精度的影响因素有哪些？

（2）微量水分测定仪可以测量所有化合物吗？如若不能，试说明原因并举例解释。

参 考 文 献

[1] 毕鹏禹，董慧茹，曹建平．卡尔费休库仑法测定微量水的装置改进．分析化学，2005，33（4）：588-590.

[2] 何雨智．卡尔费休库仑法测定微量水含量影响因素浅谈．工程技术：英文版，2016，（9）：00301-00301.

[3] 李玉书，李晓东，余忠波．用无吡啶的卡尔费休试剂-微库仑法测定微量水分．理化检验：化学分册，2011，47（10）：1235-1236.

（马莉莉）

第❺章 ▶▶▶

综合性实验

实验 51　金属材料的拉伸、压缩、弯曲性能、冲击韧性实验

实验 51-1　拉伸实验

一、实验目的

(1) 确定材料的抗拉强度 σ_b，弹性模量 E。

(2) 观察金属材料在拉伸过程中所表现的各种现象。

(3) 熟悉试验机及其他有关仪器的使用。

(4) 通过实验掌握测试方法和原理。

二、实验原理

低碳钢拉伸如图 5-1 所示。当外加应力不超过 P 点时，其应力（σ）与应变（ε）成直线比例关系，即满足虎克定律（Hooke's Law），$\sigma = E\varepsilon$。如果在此阶段卸载，则变形也随之消失，直至回到零点。这种变形称为弹性变形或线弹性变形。当外加应力大于比例极限点 P 后，应力-应变关系不再是呈直线关系，但变形仍属弹性，即当外力释放后，变形将完全消除，试样恢复原状。直到外加应力超过 E 后，试样已经产生塑性变形，此时若将外力释放，实验不再恢复到原来形状。有些材料具有明显的屈服现象，有些材料则不具明显屈服现象；超过弹性极限后，如继续对试样施加载荷，当达到某一值时，应力突然下降，此应力即为屈服极限 σ_s。材料经过屈服现象之后，继续施予应力，此时产生应变硬化（或加工硬化）现象，材料抗拉强度随外加应力的提升而提升。当到达最高点时该点应力即为材料之最大抗拉强度 σ_b。试样经过最大抗拉强度之后，开始由局部变形产生颈缩现象（Necking），之后进一步应变所需的应力开始减少，伸长部分也集中于颈缩区。试样继续受到拉伸应力而伸长，直到产生断裂。

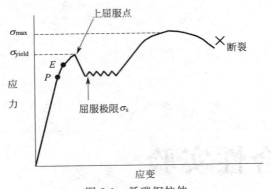

图 5-1 低碳钢拉伸

E—弹性极限点；P—比例极限点

三、实验用品

(1) 万能材料试验机（RWES-100B）。

(2) 游标卡尺。

(3) 拉伸试样。

四、实验步骤

(1) 使用游标卡尺量取试样的宽（w）及厚度（t）。每边均需量取三点而后取平均值。

(2) 将试样装入试验机上。试片一定要保持铅直状态，若有偏离情形，则断面会因应力分布不均而弯曲，影响试验结果。

(3) 施加载荷直到试样断裂，将数据及应力-应变曲线图列画出。

(4) 将试片取下，观察断口形貌。

五、数据分析

针对测试数据，计算 $\sigma_b = F/S$。数据分析见表 5-1。

表 5-1 数据分析

试样	宽 w/mm	厚度 t/mm	横截面积 S/mm^2	最大拉力 F/kN	弹性模量 E/GPa	抗拉强度 σ_b/MPa

六、思考题

拉伸试样的国家标准有哪些？

参 考 文 献

[1] GB/T228—2002《金属材料 室温拉伸试验方法》.

（于薛刚）

实验 51-2 压缩实验

一、实验目的

（1）确定材料的压缩强度。

（2）观察材料在实验过程中所表现的各种现象。

（3）熟悉试验机及其他有关仪器的使用。

（4）通过实验掌握测试方法和原理。

二、实验原理

材料压缩示意如图 5-2 所示。

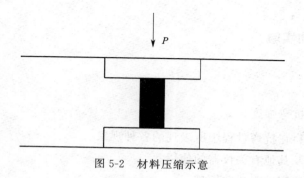

图 5-2　材料压缩示意

把试样横放在平台上，用压头由上向下施加负荷（图 5-2），根据试样断裂时的应力值计算抗压强度。在此种情况下，对于矩形截面的试样，抗压强度 σ_p 为：

$$\sigma_p = P/A_0$$

式中　P——试样压碎时读到的负荷值，N；

　　A_0——试样横截面积，m^2。

三、实验用品

（1）万能材料试验机（RWES-100B）。

（2）游标卡尺。

（3）试样。

四、实验步骤

（1）准备试样。测量试样中横截面两个相互垂直方向的宽度，取其平均值来计算试样的原始横截面面积 A_0。

（2）放置试样。将试样尽量准确地置于试验机支座中心处。

（3）操纵压头缓慢压下，将试样压断，记下所加载荷数 P。

（4）代入公式，计算抗压强度。

（5）数据分析，填表 5-2。

表 5-2　数据分析

试样	宽 b/mm	高度 h/mm	横截面面积 A_0/mm²	最大压力 P/kN	抗压强度 σ_p/MPa

五、思考题

为什么塑性样品不适合压缩实验？

参 考 文 献

[1]　GB/T34108—2017《金属材料 高应变速率室温压缩试验方法》.

（于薛刚）

实验 51-3　弯曲实验

一、实验目的

（1）确定材料的抗弯强度 σ_f。
（2）观察金属材料在抗弯过程中所表现的各种现象。
（3）熟悉试验机及其他有关仪器的使用。
（4）通过实验掌握测试方法和原理。

二、实验原理

弯曲实验示意如图 5-3 所示。

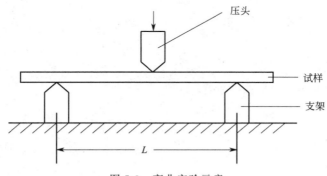

图 5-3　弯曲实验示意

把条形试样横放在支架上，用压头由上向下施加负荷（图 5-3），根据试样断裂时的应力值计算强度。在此种情况下，对于矩形截面的试样，抗弯强度 σ_f 为：

$$\sigma_f = \frac{3}{2}\frac{PL}{bh^2}$$

式中　P——试样断裂时读到的负荷值，N；

L——支架两支点间的跨距，m；

b——试样横截面宽，m；

h——试样高度，m。

三、实验用品

（1）万能材料试验机（RWES-100B）。

（2）游标卡尺。

（3）抗弯试样。

四、实验步骤

（1）将切割好的试条表面磨光。因为粗糙表面的微裂纹很多，会影响强度的测试值。

（2）将试条放进压模中，然后放到实验机的平台上，操纵压头缓慢压下，将试样压断，记下所加载荷数 P。

（3）用游标卡尺（分度值为 0.01mm）测出试样断口处的宽 b 和高 h。

（4）代入公式，计算抗弯强度。

（5）数据分析，填表 5-3。

表 5-3 数据分析

试样	宽 b/mm	高度 h/mm	最大压力 P/N	抗弯强度 σ_f/MPa

五、思考题

弯曲实验为什么有利于检测试样的表面质量？

参 考 文 献

[1] GB/T 232—1999《金属材料弯曲试验方法》.

（于薛刚）

实验 51-4 冲击韧性实验

一、实验目的

（1）了解冲击韧性的意义、原理与测试方法。

（2）测定金属材料的冲击韧性 a_k 值。

二、实验原理

冲击实验是测定金属材料韧性的常用方法，用于测定金属材料在动负荷下抵抗冲击的性能，以便判断材料在动负荷下的性质，它是将一定尺寸和形状的金属试样放在试验机的支座上，再将一定重量的摆锤升高到一定高度，使其具有一定势能，然后让摆锤自由下落将试样冲断。摆锤冲断试样所消耗的能量即为冲击功 A_k。A_k 值的大小代表金属材料韧性的高低。冲击韧性 a_k 用冲击功 A_k 除以试样断口处的原始横切面积 A 来表示。

$$a_k = A_k/A (\mathrm{J/cm^2})$$

式中，A 为试样在断口处的横截面面积，$\mathrm{cm^2}$。

三、实验用品

实验设备：半自动摆锤式冲击试验机（型号为 JB-300B）1 台；摆锤动作等均由电气机械控制。

试验样品：实验试样按 GB 229—2007 和 GB 2106—1994 规定，冲击试验标准试样有夏比 U 型缺口试样和夏比 V 型缺口试样两种。习惯上前者简称为梅式试样 [图 5-4(a)]，后者为夏式试样 [图 5-4(b)]，即所采用的标准冲击试样尺寸为 55mm×10mm×10mm 并开有 2mm 宽或 2mm 深缺口的冲击试样。

实验试样材料：碳钢（如 45 钢）；合金钢（如 40Cr 钢）等。

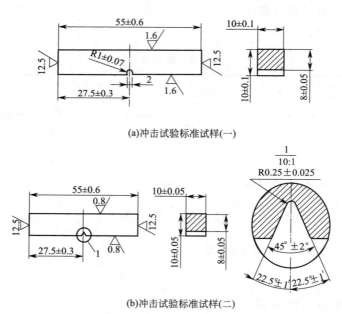

(a)冲击试验标准试样(一)

(b)冲击试验标准试样(二)

图 5-4　冲击试验标准试样

四、实验步骤

（1）检查试样有无缺陷，试样缺口部位一般不能划伤或锈蚀。

（2）用精度不低于 0.02 mm 的量具测量试样缺口处的断面尺寸，计算断面面积 A，并记下测量数据。

（3）检查摆锤空打时的指针是否指零（即摆锤自由地处在铅垂位置时，使指针紧靠拨针并对准最大打击能量处，然后扬起摆锤空打，指针指示零位），其偏离不应超过最小分度的 1/4。

（4）放置冲击试样。试样应紧贴支座并使试样缺口背向摆锤的刀刃，然后用找正样板使试样处于支座的中心位置。

（5）按冲击试验机的操作顺序将冲击试样冲断。

（6）读出指针在刻度盘上指出的冲击功 A_k 值，并做好记录。

（7）观察试样的断口特征，计算试样的冲击韧性。

实验注意事项：①在试验机运动的平面一定范围内，严禁站人，以防因摆锤运动或冲断的试样飞出伤人；②未经许可不准搬动摆锤，不准触按和控制任何开关；③一人放置试样时，需另有人固定摆锤，防止意外；④试样冲断时如有卡锤现象，则数据无效。

实验报告要求：明确实验目的及实验原理，测定计算试样的冲击韧性。

五、思考题

冲击韧性采用缺口试样的好处是什么？

<h1 align="center">参 考 文 献</h1>

[1] 盛国裕. 工程材料测试技术. 北京：中国计量出版社，2007.

[2] 陈融生，王元发. 材料物理性能检验. 北京：中国计量出版社，2005.

[3] GB229—2007《金属材料 夏比摆锤冲击试验方法》.

（于薛刚）

实验 52 快速混合法和界面聚合法制备聚苯胺纳米纤维研究及应用

实验 52-1 采用快速混合法和界面聚合法制备聚苯胺纳米纤维

一、实验目的

（1）了解聚苯胺纳米纤维制备的基本原理。

（2）掌握快速混合法和界面聚合法制备聚苯胺纳米纤维的过程。

（3）了解实验过程中影响实验结果的因素并对实验结果进行表征分析。

二、实验原理

聚苯胺（Polyaniline，PAn）是一种主链上含有交替苯环和氮原子的重要导电聚合物，它是一类特种功能材料，具有塑料的密度，又具有金属的导电性和塑料的可加工性，还具备金属和塑料所欠缺的化学和电化学性能与优良的环境稳定性，在国防工业上可用于隐身材料、防腐材料，民用时可用于金属防腐蚀材料、抗静电和电磁屏蔽材料、电子化学品、电极材料和太阳能材料等。

聚苯胺由于聚合方法、反应条件及介质的不同，得到的聚合产物在结构、形态和性能方面有很大差异。本征态 PAn 的结构为：

其中 y 代表 PAn 的氧化还原程度。当 $y=1$ 时为完全还原的全苯式结构；当 $y=0$ 时，为"苯-醌"交替的结构；在 $0<y<1$ 时，本征态的 PAn 经质子酸掺杂后，分子内的醌环消失，电子云重新分布，N 原子上的正电荷离域到大共轭 p 键中，而使 PAn 呈现出高的导电性。导电 PAn 的结构为：

快速混合法是将溶解有苯胺单体的水溶液加入溶有氧化剂的酸溶液中并快速搅拌得到纳米聚苯胺纤维的方法。

界面聚合法是将氧化剂通过溶解在酸溶液之中作为水相，而苯胺单体则溶解于有机溶剂中作为油相，因而化学氧化聚合的反应只能在不相溶两相的界面上发生。亲水性初生的聚苯胺纳米纤维能迅速地转入水相从而避免二次生长，得到几乎百分之百聚苯胺的纳米纤维。

三、实验用品

实验仪器：恒温磁力搅拌器、磁力搅拌子、高速离心机、电子天平、鼓风干燥箱、分液漏斗、研钵、烧杯、量筒、离心管。

实验试剂：过硫酸铵（APS）、去离子水、苯胺、盐酸、乙醇、氯仿、表面活性剂〔十六烷基三甲基溴化铵（CTAB）〕、十二烷基硫酸钠（SDS）、聚乙烯醇（PEG）。

四、实验步骤

(1) 快速混合法制备聚苯胺纳米纤维的实验步骤如下。

① 在 50mL 去离子水中加入 16×10^{-3} mol 苯胺和 0.5g 表面活性剂，搅拌 3h，得到 A 液。

② 将 4×10^{-3} mol 过硫酸铵溶解到 50mL 浓度为 $1\text{mol}\cdot\text{L}^{-1}$ 的盐酸中搅拌 3h，得到 B 液。

③ 将 B 迅速倒入 A 中并快速搅拌，反应 15min 左右，待溶液颜色变为墨绿色。

④ 用去离子水和乙醇洗涤数次后干燥得到墨绿色粉末，这些粉末可均匀分散到乙醇中得到均相溶液，利用扫描电子显微镜（SEM）观察产物形貌，用 XRD 分析其晶体结构（苯胺/过硫酸铵的摩尔比为 4∶1）。

(2) 界面聚合法制备聚苯胺纳米纤维的实验步骤如下。

① 在 50mL 氯仿中加入 16×10^{-3} mol 苯胺，搅拌 3h，得到 A 液。

② 将 4×10^{-3} mol 过硫酸铵溶解到 50mL 浓度为 $1\text{mol}\cdot\text{L}^{-1}$ 的盐酸中搅拌 3h，得到 B 液。

③ 将 B 缓慢加入 A 中，注意不要破坏两相界面，界面聚合就在水相和油相之间进行并

向水相中扩散；将体系静置反应 2h 以上，水相颜色变为墨绿色。

④ 将体系进行分液处理，保留水相溶液，用去离子水和乙醇洗涤数次后干燥得到墨绿色粉末。这些粉末可均匀分散到乙醇中得到均相溶液，利用扫描电子显微镜（SEM）观察产物的形貌，用 XRD 分析其晶体结构（苯胺/过硫酸铵的摩尔比为 4：1）。

五、思考题

（1）如何表征得到的样品结构和形貌？

（2）还有哪些制备聚苯胺纳米纤维的方法？举例说明。

（3）聚合时间对产物的形貌有没有影响？有什么影响？

（王宝祥）

实验 52-2　应用 X 射线衍射仪分析（XRD）

一、实验目的

（1）熟悉 X 射线衍射仪结构以及工作原理。

（2）了解 X 射线衍射仪操作。

（3）掌握运用 X 射线衍射分析软件进行物相分析的方法。

二、实验原理

传统衍射仪是由 X 射线发生器、测角仪、记录仪等几部分组成的。

三、实验用品

X 射线衍射仪，粉末样品。

四、实验步骤

（1）试样

X 射线衍射分析的样品主要有粉末样品、块状样品、薄膜样品、纤维样品等。样品不同，分析目的不同（定性分析或定量分析），则样品制备方法也不同。

（2）测试参数的选择

对于产物的晶体结构分析，本实验采用日本理学电子公司的 D/MAX-2500/PC 型之转靶式 X 射线衍射仪（其参数：管电流为 100mA，管电压为 40kV，且扫描速率为 $5°/min$），使用 Cu 靶 K_α 射线，其波长 $\lambda = 1.54178Å$（$1Å = 0.1nm$）。选取适量干燥的粉体样放入衍射仪之中，然后根据粉体特点来选取适当扫描角度范围和扫描速率，最后得到其衍射图谱。

（3）衍射图的分析

图 5-5 是采用快速混合法和界面聚合法制备的聚苯胺纳米纤维 X 射线衍射图谱。两种方法得到的聚苯胺纤维主要有 2 个比较宽的衍射峰，分别是 $20°$ 和 $25°$（$d = 0.35nm$），显示聚

苯胺是部分结晶的。但是，在界面聚合法得到的聚苯胺纳米纤维衍射图中在 7.5°出现较为明显的峰，而快速混合法的聚苯胺纳米纤维的衍射图则没有那么明显。由于快速混合法制备纤维必须是在较短时间内完成，这样避免纳米纤维团聚长大，所以反应时间一般控制在 15min 左右，相比界面聚合采用 6h 以上的时间，从 X 射线衍射图谱中可看出聚苯胺衍射峰相对要弱一些。

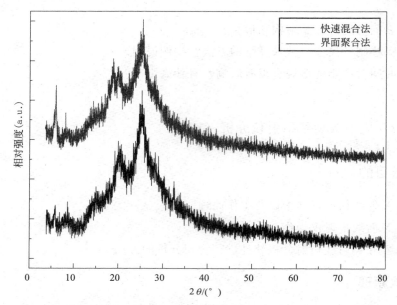

图 5-5　快速混合法和界面聚合法制备的聚苯胺纳米纤维 X 射线衍射图谱

五、思考题

（1）X 射线产生的原理是什么？
（2）为什么待测试样表面必须为平面？

（王宝祥）

实验 52-3　应用透射电子显微镜分析

一、实验目的

（1）通过结合透射电镜的实物来介绍基本结构和工作原理，可以加深学生对透射电镜基本结构的印象，加深对透射电镜工作原理的了解。
（2）结合实际样品，了解并掌握透射电镜样品的制备方法及技术要求。
（3）选用合适的样品，了解透射电镜的衬度成像原理。

二、实验原理

透射电子显微镜是一种具有高分辨率并有高放大倍数的高级电子光学仪器，已经被广泛应用于各种材料科学等多种研究领域。其中，透射电镜是以波长极短之电子束来作为光源，而电子束可以经由聚光镜系统之电磁透镜，将其聚焦而成一束接近平行的光线从而穿透样品；经成像系统相关电磁透镜来成像和放大，最后电子束能投射到主镜最下方荧光屏上，形成所观察的透射图像。因而在材料科学的研究领域，可以说透射电镜主要用于材料的微区组织形貌观察，还包括晶体缺陷分析、晶体结构测定。

透射电镜主要应用在材料学研究，包括纳米材料、金属材料、无机非金属材料、高分子材料以及生物材料。对于不同材料有不同的样品处理方法，以满足透射电镜的要求。

三、实验用品

透射电子显微镜，样品。

四、实验步骤

本实验样品的 TEM 照片在日本理学电子公司生产的 JEM-2100 PLUS 型透射电子显微镜上可获得。可以取少量样品，采用无水乙醇进行超声分散后，使用直径 3.0mm 覆盖碳膜的圆形铜网来捞取少量样品，待干燥之后又放入电镜在 200kV 的工作电压下进行详细观察。

从图 5-6 透射照片中可看出，所得聚苯胺的环状纳米纤维其直径尺寸约为 200nm。

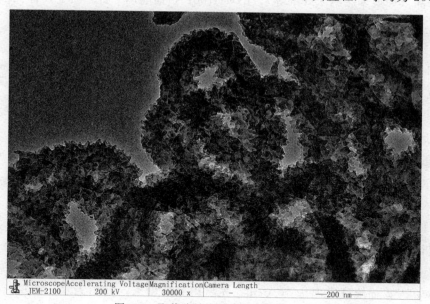

Microscope	Accelerating Voltage	Magnification	Camera Length
JEM-2100	200 kV	30000 x	-	—200 nm—

图 5-6 聚苯胺纳米纤维透射电镜照片

五、思考题

（1）简述透射电镜的基本结构。
（2）简述透射电镜电子光学系统的组成及各部分作用。
（3）绘图并举例说明明暗场成像的原理、操作方法与步骤。

（王宝祥）

实验 52-4 应用场发射扫描电子显微镜分析（FESEM）

一、实验目的

（1）掌握扫描电子显微镜（SEM）基本结构、二次电子形貌衬度原理。

（2）观察纳米粒子的形貌并学会进行分析。

二、实验原理

SEM 的基本结构如下：分为信号收集系统、电子光学系统（镜筒）、真空系统、控制系统及图像显示系统等几大部分。SEM 的电子光学系统与透射电子显微镜（TEM）有所不同，其作用仅仅是为了提供扫描电子束，扫描电子束应具有较高的亮度和尽可能小的束斑直径，可以作为使样品能够产生物理信号的激发源。而 SEM 常使用二次电子信号以及背散射电子信号，由于前者常用来显示表面的形貌衬度，而后者则用于显示相关原子序数衬度。

三、实验用品

实验样品（如聚苯胺纳米纤维等），JSM-6700F 扫描电镜一台。喷金设备一台。

四、实验步骤

采用扫描电镜优点之一就是样品制备比较简单，而且对于新鲜金属断口的样品不需要任何处理，就可以直接来进行观察。不过在有些情况下需对样品进行必要处理。

① 如果样品的表面附着油污和灰尘，应用有机溶剂（丙酮或乙醇）进行超声波清洗。

② 对于不导电样品，在观察前还需在表面上喷镀一层导电的金属（如 Au）或碳。

SEM 的实验步骤如下。

① 开机。

② 装入样品。

③ 图像观察。

④ 关机。

所得产物 SEM 照片通过在日本电子公司 JSM-6700F 型号的扫描电子显微镜上获得，操作电压为 8.0kV，而测试距离为 10.0cm：先将得到的粉末，使用无水乙醇进行超声分散，再取少量样品直接滴加在硅片上，最后通过导电胶使之粘接在基体上，经过 JFC-1600 型自动镀膜机上进行喷金，最后放到电镜中就可以进行观察。

图 5-7 是采用快速混合法得到的聚苯胺纳米纤维的扫描电镜照片。采用快速混合法得到的聚苯胺纳米纤维相互连接形成树枝状或网状结构，纤维直径约为 100nm，尺寸均一。这种聚苯胺纳米纤维有较大的比表面积，在化学传感器等方面有些较好的应用前景：小的纤维直径和大的比表面积可以加速聚苯胺纤维中掺杂剂的扩散，从而缩短传感器的响应时间以提高其灵敏度。

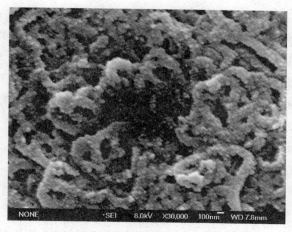

图 5-7　聚苯胺纳米纤维的扫描电镜照片

五、思考题

说明二次电子像与背散射电子像的特点及用途。

（王宝祥）

实验 52-5　应用综合热分析仪实验

一、实验目的

（1）了解综合热分析仪组成及各部分的功能。

（2）加深理解综合热分析仪原理和应用。

（3）掌握利用综合热分析仪研究材料热稳定性的方法。

二、实验原理

热重分析基本原理主要如下：热重法（TG）是对试样的质量随以恒定速度变化的温度或在等温条件下随时间变化而发生的改变量进行测量的一种动态技术，在热分析技术中以热重法使用最为广泛。这种研究是在静止或流动的活性或惰性气体环境中进行的。

三、实验用品

德国 Netzsch STA449C 综合热分析仪，粉体，坩埚。

四、实验步骤

（1）实验前 1h 打开恒温水浴箱，设定恒温水浴箱温度比室温高 2~3℃。

（2）打开所有仪器。

（3）调节氮气气瓶上压力表的减压阀，设定保护气的流速为 10mL/min。

（4）称量空坩埚的质量，待天平稳定后清零。

（5）从天平中取出坩埚并加入样品，然后称量样品质量。

（6）打开 Netzsch-TA 中的"STA449C on Measurement"菜单，打开文件，单击新建。

（7）在 STA449C 中的"Measurement Header"窗口里选择测量类型。

（8）在 STA449C 中的"Temperature Program Definition"窗口中，单击初始，输入实验的初始温度（20℃），单击"add"，然后逐次选择"Dynamic Isothermal"和"Emergency"，输入相关数据，步骤同"initial"相同，最后单击"continue"进入"File As"窗口。

（9）在"File As"窗口中为本次实验命名，进入"Measurement menu"窗口，单击清零，随后单击"Start"，开始正式进入热分析实验。

（10）当热分析测试实验结束后，计算机提示实验结束。

热重分析是由德国耐驰公司 STA449C 型热重分析仪测得。在 N_2 气氛下，升温速率为 10℃·min^{-1}，由室温升至800℃，用来分析热稳定性和质量百分比。

图5-8为聚苯胺纳米纤维、高岭土、聚苯胺纳米纤维/高岭土复合颗粒的热重曲线。从图5-8中可以看出到达800°后，聚苯胺失重可达58%。无机高岭土的引入可以提高聚苯胺材料的热稳定性。

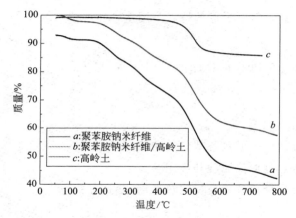

图5-8　聚苯胺纳米纤维、高岭土、聚苯胺纳米纤维/高岭土复合颗粒的热重曲线

五、思考题

（1）热重气氛对实验结果的影响如何？

（2）热重曲线横、纵坐标的含义及单位如何？

（王宝祥）

实验52-6　应用紫外吸收光谱研究

一、实验目的

（1）了解紫外-可见分光光度法的原理及应用范围。

（2）了解紫外-可见分光光度计的基本构造及设计原理。

（3）了解苯及衍生物的紫外吸收光谱及鉴定方法。

（4）观察溶剂对吸收光谱的影响。

二、实验原理

紫外-可见分光光度法是光谱分析方法中吸光测定法的一部分。紫外-可见吸收光谱（Uv-Vis）的产生：紫外可见吸收光谱是由于分子中价电子的跃迁而产生的。这种吸收光谱取决于分子中价电子的分布和结合情况。分子内部的运动分为价电子运动、分子内原子在平衡位置附近的振动和分子绕其重心的转动。因此，分子具有电子能级、振动能级和转动能级。通常电子能级间隔为 $1 \sim 20 eV$，这一能量恰落在紫外与可见光区。每一个电子能级之间的跃迁，都伴随着分子的振动能级和转动能级的变化。因此，电子跃迁的吸收线就变成内含分子振动和转动精细结构的较宽谱带。

三、实验用品

（1）实验仪器：美国 Varian 公司的 Cary500 型紫外-可见-近红外分光光度计；比色管（带塞）：5mL 10 支，10 mL 3 支；移液管：1 mL 6 支，0.1 mL 2 支；石英比色皿。

（2）实验试剂：苯、乙醇、环己烷、正己烷、氯仿、丁酮。

四、实验步骤

分光光度计的操作步骤如下。

① 将待测样品倒入石英比色皿中，置于仪器液体样品测试附件内。安装完毕后开启仪器及联用电脑。

② 待电脑进入 Windows 操作界面后，打开"Scan"操作系统，进入"setup"界面，开始测试设定如下。

"z"在"Cary"选项栏中，设定"X Mode，Mode：Nanometers"；扫描范围："start" 800nm、"stop" 200nm。

"z"在"options"选项栏中，设定"Auto lamps off"。

"z"在"Auto Store"选项栏中，选择"Storage off"。

然后点击确定，完成测试参数设定。放入空白样，点击"Scan"操作界面左侧"Baseline"，进行基线扫描。

③ 打开样品池顶盖，取出空白样，放入待测样品，关闭样品池顶盖。进入"setup"操作界面，确定扫描范围，在"Baseline"选项栏中选择"Baseline correction"，然后点击确定，完成样品测试设定。点击"Scan"操作界面上部"Start"，进行待测样品的基线校正扫描。

④ 测试完毕后，保存吸收曲线数据，关闭光谱仪，取出样品。

紫外-可见光光谱图由 Cary500 型紫外-可见光-近红外分光光度计来测得，其波长为 $200 \sim 1000 nm$，而扫描速率为 $600 \ nm \ min^{-1}$。

图 5-9 为不同样品的紫外可见光谱图。聚苯胺在 340nm 处的吸收是由苯环 $\sigma \rightarrow \sigma^*$ 的电子跃迁所导致，而在 700nm 处吸收则是由于 $n \rightarrow \sigma^*$ 跃迁造成的相应紫外吸收（曲线 a）。相比聚吡咯则没有很明显的吸收峰（曲线 d）。因此，对比图中复合材料的吸收光谱（曲线 b 和曲线 c），人们可以发现在进行掺杂后，其吸收带红移，发生共轭效应。

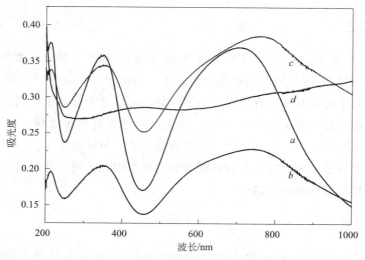

图 5-9　不同样品的紫外可见光谱图

a—聚苯胺；*b*—聚苯胺/1mL 聚吡咯复合材料；*c*—聚苯胺/4mL 聚吡咯复合材料；*d*—聚吡咯；

五、思考题

（1）本实验中需要注意的事项有哪些？

（2）为什么溶剂极性增大，n→π* 跃迁产生的吸收带发生蓝移，而 π→π* 跃迁产生的吸收带则发生红移？

（王宝祥）

实验 52-7　应用红外光谱分析

一、实验目的

（1）了解红外光谱仪的各部件功能。

（2）加深理解红外光谱的原理和应用。

（3）掌握红外光谱分析的一般实验方法。

二、实验原理

红外吸收光谱（IR）是物质分子对不同波长的红外光产生吸收而得到的吸收光谱。根据化合物吸收光谱上吸收峰的位置、形状、强度和数目可以判断化合物中是否存在某些官能团，以及各基团之间的关系，进而推测出未知物的分子结构。

三、实验用品

日本 NEXUS 公司傅里叶变换红外光谱仪，KBr，压片机

四、实验步骤

取试样约 0.5～2 mg，在玛瑙研钵中研细，再加入 100～200 mg 干燥的 KBr，充分研磨

混匀，然后装入专用模具中抽气加压，制成透明的薄圆片，放入仪器的样品架上测定样品的红外光谱。红外光谱图分析采用日本 NEXUS 公司的傅里叶变换红外光谱仪，采用 KBr 压片法，在 $400 \sim 4000 \mathrm{cm}^{-1}$ 范围进行测试。

图 5-10 为不同样品的红外光谱图。可见在聚苯胺谱图中，$1577 \mathrm{cm}^{-1}$ 和 $1494 \mathrm{cm}^{-1}$ 吸收峰应该对应苯环 C═C 伸缩振动和其骨架的 C—H 伸缩振动，而 $1139 \mathrm{cm}^{-1}$ 处吸收峰，比较宽而强，被认为是导电聚苯胺特征峰。相比而言，从聚吡咯红外光谱图中看出，在 $3439 \mathrm{cm}^{-1}$ 附近处出现吸收峰可以认为是 N—H 伸缩振动的吸收峰；而 $1539 \mathrm{cm}^{-1}$ 处吸收峰认为是聚吡咯环 C═C 伸缩振动吸收峰，在 $1305 \mathrm{cm}^{-1}$ 和 $1168 \mathrm{cm}^{-1}$ 两处吸收峰则分别对应聚吡咯环反对称及对称的伸缩振动吸收峰，在 $1040 \mathrm{cm}^{-1}$ 处所出现的吸收峰围绕聚吡咯环 C—N 吸收峰，而 $893 \mathrm{cm}^{-1}$ 和 $779 \mathrm{cm}^{-1}$ 附近出现两个吸收峰则对应于 C—H 之弯曲振动吸收峰。所以，两种材料发生复合后，PANI/PPy 复合材料对应红外光谱图发生了改变。

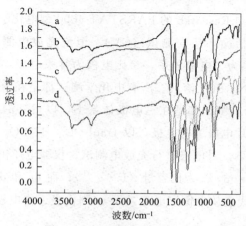

图 5-10　不同样品的红外光谱

a—聚苯胺；b—聚吡咯；c—聚苯胺/1mL 聚吡咯复合材料；d—聚苯胺/4mL 聚吡咯复合材料

五、思考题

（1）红外光谱频率范围是多少？

（2）常见红外光谱所表征的基团或者键合有哪些？

（王宝祥）

实验 53　新能源材料应用

一、实验目的

（1）了解新能源材料的定义和种类。

（2）理解新能源对材料的要求。

（3）电极材料的最新进展。

二、实验原理

电极材料是超级电容器的关键组成部分，因此开发具有优异性能的电极材料是关于超级电容器研究的核心课题。目前，超级电容器的电极材料大致可分为三类：碳基电极、金属氧化物电极、导电聚合物电极。导电性良好的碳材料是在电化学领域运用最早、使用最多的电极材料，这主要是因为碳的比表面积很高、导电性好、成本低、来源广泛。常用的碳材料有活性炭、碳纤维、炭黑、碳纳米管、碳气凝胶以及石墨烯。由于碳材料一般都具有很高的孔隙率和很大的比表面积，在插入电解液后碳材料会与电解液之间形成大表面积的双电层，故以碳基材料为电极的电容器是典型的双电层电容器。

三、实验用品

采用 Princeton Applied Research 的 PARSTAT 4000 型电化学工作站，对制备的电极材料做电化学性能测试，包括循环伏安测试（CV）、恒流充放电测试（CD）、交流阻抗测试（EIS）。本实验的测试体系为三电极体系，参比电极为甘汞电极，辅助电极为铂电极，电解质溶液为 $1mol \cdot L^{-1}$ 的 Na_2SO_4 溶液。所有电化学测试都是在室温下、使用电化学工作站 AUTOLAB 进行测试。所有测试都是在三电极体系下，以得到的活性料为工作电极，饱和甘汞电极为参比电极，铂片电极为对电极，以 $1mol \cdot L^{-1} H_2SO_4$ 作为电解液。恒流充放电测试是在恒定的电流密度下，对电极进行充放电测试；仪器电压窗口为 $0 \sim 0.8V$。其电容的计算公式为：$C = I dt/dV \cdot m$，C 为比容量（$F \cdot g^{-1}$）；而 dt 和 dV 则分别代表充放电过程中的时间差与电位差，I 代表放电恒定电流，而 m 则代表工作电极上活性物质的质量。

四、实验步骤

通常循环伏安法是一种用来测试电极材料循环使用特性和电容特性的有效方法，分为单循环和多循环两种方式。其中电极电位按一定扫描速率做往复循环扫描，从而得到响应电流 I 随电压 V 的变化曲线，即循环伏安曲线。双电层电容器的结构与平板电容器类似，在双电池电容器中，电极材料与电解液的接触面积 S 基本保持不变，而且双电层的厚度 d 也几乎不变。根据电容的决定式 $C = \varepsilon S/4\pi kd$，故可以认为在充放电过程中其电容保持不变。结合电流与电容的定义式 $I = dQ/dt$、$C = Q/U$，可以推导出利用循环伏安测试电容的表达式。本实验中电压均为 $-0.2 \sim 1.0V$，扫描速率在 $10 \sim 200mV/s$ 之间。因每个电极活性物质的质量都不尽相同，所以本文用比电容来表述电性能的好坏。

恒流充放电测试又称为计时电位测试，是一种到用来测量超级电容器静电容量的常用方法。测试时电流保持恒定，则由 $C = Q/U$ 与 $I = dQ/dt$ 得到，电容的计算公式为：$I = dQ/dt = C(dV/dt)$。其中，t 为充/放电时间，V 为充/放电时的电压升/降。由此式可以看出，对于理想电容器，电容保持不变，则电压与时间的图像关系应该是一条直线。利用本方法测出的电容比较准确。

对于交流阻抗测试：电极-溶液系统的界面阻抗主要涉及：双电层电容 C_d；同电极界面阻抗串联的溶液电阻 R_s；与电位有关的感应阻抗。

五、思考题

（1）循环伏安曲线的主要指标有哪些？
（2）充放电材料评价标准是什么？

（王宝祥）

实验 54　电流变的测试

一、实验目的

（1）了解智能材料的定义和种类。
（2）理解电流变液的构成和原理。

二、实验原理

在近代材料发展中，智能材料由于其对环境改变做出的精确可控反应，引起科研人员的广泛关注与重视。智能材料应用范围十分广泛，涉及生产发展的各个领域，如传感装置、药物传输、电子工业、减振装置等。电流变液（Electrorheological fluids）又简称为 ER 液体，是智能材料中发展迅猛的一颗新星。自 1947 年美国学者 Winslow 提出发展至今，已经有 60 多年历史。早期的电流变液性能较差，20 世纪 80 年代末电流变液材料的研究得到突破，才使其逐渐获得广泛的应用。

电流变液在通常条件下为一种悬浮液两相体系，又称为机敏材料，它是细小介电颗粒或者绝缘粒子均匀分散于绝缘介质中而形成的稳定两相悬浮体系。如果对其施加比较大的外电场，当达到临界值时，在毫秒级范围内就可以实现被固化的现象且出现明显的宾汉流体行为；而外场的变化可以转变为材料黏度和剪切应力变化；如撤除外场则整个体系又会出现可逆响应，能够恢复原状态且响应速率较快，能实现固体-液体之间互相转化。因而诸多科学家都对其效应和机理进行研究，人们发现电流变机理是在电场诱导下的分散相固体粒子发生极化及相互作用，可以使其原子、分子极化，而界面随之发生极化，从而产生流变学特性。直到目前，相关电流变效应和机理可以有以下几种。

（1）诱导纤维化的电流变机理。当电流变液被施加外部电场后，因为分散相颗粒介电常数一般区别于分散介质，所以颗粒会被极化从而产生偶极矩，而产生的极化力又会使电流变液中分散相粒子顺着电场方向来进行有序排列，且相互吸引从而形成纤维有序的组装构成链状结构，最后导致悬浮体系表观黏度上升，所以呈现固化现象。

（2）双电层的电流变机理。如果体系中存在不同相界面，界面处就会由于介电常数的不同，而导致电荷的分布不均匀，由双电层来表示。双电层用两部分表示：①为紧贴着固体粒子表面相应的一个离子厚单层；②为延伸到液体内部，达到一定深度较厚的扩散层。而在分散相颗粒表面所吸附的物质，在施加外电场后将会发生相应的场致诱导畸变；而颗粒表面和畸变内层之间同时也会产生相应的静电相互作用，使得受到外界垂直于畸变方向的剪切作用时，会表现出一种黏性的阻力，从而导致悬浮体系的黏度会有所增加。

（3）介电极化的机理。由于无水电流变液材料的出现，使得双电层模型与纤维诱导化的理论都失去相关坚实的物理基础，所以人们就开始探索用新机理来解释这些无水电流变液材料的作用与机理，于是提出介电极化模型。而介电极化模型则被认为，是由于分散相颗粒发生的分子极化会导致相应的电流变效应。由于颗粒分子极化大小由其化学结构来决定的，一般认为电流变液颗粒极化可以包括：原子极化、偶极子极化、电子位移极化、界面极化（称为 Maxwell-Wanger 极化）和游离极化。而在这五种极化过程中，原子极化、电子位移极化及游离极化都属于快极化过程，相应时间范围都在 $10^{-12} \sim 10^{-14}$ s 之间；界面极化和偶极子极化属于慢极化过程，它们相应的时间范围则在 $10^{-8} \sim 10^{-2}$ s 之间。通常在这五种极化方式中，界面极化的贡献最大，其次是偶极极化和其他几种极化。由此可见水对于电流变效应产生并不是唯一需要的，而颗粒对于基液具有不同介电常数是唯一需要的。

（4）电导机理。人们发现了介电极化模型在解释相关电流变现象上具有的局限性，创造性地在电流变效应中引入电导率，在考虑了颗粒近程作用后相继提出电流变液电导模型，并逐渐发展成为目前比较广泛被接受的成熟的介电适配理论，可以运用该理论计算并得到两个粒子间发生的总的相互作用力：

$$F_C = 4\pi\varepsilon_f R^2 E_0^2 (R/\delta)^2$$

上述公式仅在对相关两粒子的中心连线和电场方向相平行的简单情况下成立，而在两者都不是平行的情况下，则公式要复杂一些。

虽然电导模型与实验结果之间有很好的一致性，可是电导模型仅适用在悬浮液微结构能完全形成的条件下。缺点是不能解释相关 ER 流体的响应时间尺度，即为什么会发生在 0.1ms 至 1s 之间。这是因为电导模型只考虑粒子之间的相互作用，却没有考虑到电流变液材料在施加电场前后的微结构变化。电导失配模型虽然适用于直流或低频电场，但是实际的电流变技术则使用较多的直流电场，因而研究电导失配的模型具有重大意义。

对于电流变效应及其行为的复杂性，多种理论都不能够完整地解释所有电流变现象。因而近年来随着人们持续研究的深入，不断有新的理论被人提出，比如对于巨电流变机理以及介电损耗机理，一般认为介电损耗越大，则表面电荷越多。尤其在 1.0kHz 的频率下，当所用材料的介电损耗角正切可以大于 0.1 时，就会有较大的电流变效应产生。

三、实验用品

在室温下，取一定量样品置于硅油中研磨均匀后，使用由高压直流电源和电流变仪（Hakee RS 6000）对样品在施加不同外部电场作用下的电流变性能进行测试。选用 novo control 的宽频介电谱仪（厂家 Novol control Technologies GmbH & Co. KG），频率范围为 $0.1 \sim 10^6$ Hz，对其电流变液的介电性能进行测试。

四、实验步骤

聚苯胺基纳米复合材料和硅油混合而成的电流变液制备步骤如下。

① 先将聚苯胺基纳米复合材料颗粒在 $1 \text{moL} \cdot \text{L}^{-1}$ $NH_3 \cdot H_2O$ 溶液中浸泡进行去掺杂反

应，可以使材料电导率下降，再将浸泡过的聚苯胺基纳米复合颗粒使用无水乙醇和去离子水反复清洗三遍，最后放入烘箱中，于80℃干燥12h。最后将得到的复合颗粒混合硅油［介电常数为2.72~2.78；黏度为(486.5±24.3)mPa·s；密度为0.966~0.974g/cm³；25℃］，制成颗粒质量分数大约为20%（采用粒子质量分数为粒子质量和总质量的比值）的电流变液。

② 可将电流变液均匀平铺于电流变仪平板上（其平板间距1mm），再将流变仪和直流高压发生器WYZ-020D（其直流电压范围为0~5kV，而直流电流范围为0~1mA）相连，就可以测定电流变悬浮液的ER性能；可在室温下进行操作，采用控制剪切速率模式（简称CSR模式）来测定剪切应力和剪切速率的曲线。

图5-11为聚苯胺基纳米复合颗粒电流变液在不同电场强度（E）的情况下所得到的剪切应力和剪切速率的关系曲线。可见当电场强度为0kV时，相关流体会呈现牛顿流体行为，即剪切应力会随着剪切速率增加而发生线性增加；可是当电场强度改变后，使得颗粒在外加电场下极化，颗粒偶极之间发生相互吸引，从而使颗粒排列成链状结构，使流体发生固化行为。电流变效率人们可以用公式（$\tau_E - \tau_0$）$/\tau_0$来计算，所用τ_0为零电场作用下剪切应力，而τ_E是有外部电场作用时的剪切应力。通过上式计算，所得PANI纳米复合材料其电流变效率可以达到58.3%。

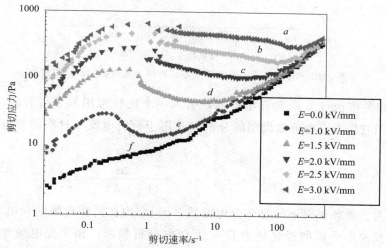

图5-11 电流变液在不同电场强度下剪切应力与剪切速率的关系

对于介电性能测试：采用novo`control的宽频介电谱仪，选择0.1~10⁶Hz频率范围，从而对电流变液的介电性能进行测试。

在通常情况下，对于一般电流变材料分散相颗粒，相关极化性质取决于其相关介电性能。而一种电流变材料的介电性质（通常公式$\varepsilon^* = \varepsilon' - i\varepsilon''$；$\varepsilon'$为介电常数；$\varepsilon''$为介电损耗因子）会对其电流变性能产生很大影响。一般而言，一个好的电流变效应就需要两个比较重要的因素：①$\Delta\varepsilon'$的值要比较大（$\Delta\varepsilon' = \varepsilon'_{100\,Hz} - \varepsilon'_{100kHz}$）；②在$10^2 \sim 10^5$Hz频率范围内会产生大的介电损耗峰。由图5-12介电谱图可见，各向异性的二氧化钛/聚苯胺复合材料具有较好的介电性能；而介电性能包括介电损耗因子（ε''）和介电常数（ε'）等与电流变液界面极化能力密切相关。

一般而言，大的 $\Delta\varepsilon'$ 值和更强的 ε'' 性能会导致电流变颗粒间极化作用的增强。由于外电场作用，极性粒子得以沿着外加电场方向能形成一个比较稳定的链状结构。从图 5-12 可以发现，图中存在一个比较大的介电损耗峰，意味着相对较强界面极化发生。原因在于：各向异性结构以及核/壳结构等为界面极化增强作用提供了基础且花生状双球结构以及核壳设计能丰富载体种类和数量，这对体系极化能力有利。一个大 $\Delta\varepsilon'$ 值的存在以及介电损耗峰值的产生是由于各向异性二氧化钛/聚苯胺复合粒子与硅油之间产生的介电不匹配，因而增强界面极化能力。

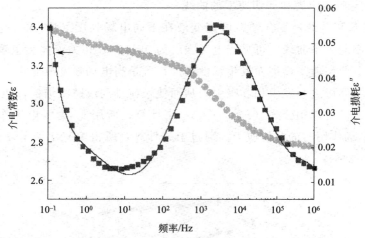

图 5-12　电流变液的损耗因子（ε''）和介电常数（ε'）图谱

为了描述相关电流变效应和介电性能，引入一个比较常用的分析方法，称之为 Cole-Cole 方程，常用它作为介电弛豫模型的分析以及用于分析电流变材料的介电性能。该模型描述如下：

$$\varepsilon^*(\omega)=\varepsilon'+i\varepsilon''=\varepsilon_\infty+\frac{\Delta\varepsilon}{(1+i\omega\lambda)^{1-\alpha}}$$

式中，ε_0 为在低频极限下的流体介电常数，而 ε_∞ 为在高频极限的介电常数，而 $\Delta\varepsilon=\varepsilon_0-\varepsilon_\infty$，可以反映电介质的极化能力且 ω 为介电分析频率；相关介电弛豫时间为 $\lambda=1/2\pi f_{max}$，即在介电损耗的曲线中能达到介电损耗峰值的 f_{max} 时间；而 α 通常在 $0\sim1$ 范围，最后（$1-\alpha$）则对弛豫时间的分布广度有影响。

五、思考题

（1）智能材料的种类有哪些？

（2）电流变特性主要包括哪些？

参　考　文　献

[1] 王岩，奚洪民．界面聚合法制备纳米聚苯胺的研究进展．北华大学学报（自然科学版），2015，16
　　（2）：173-177.

[2] 李伟，陈大俊，张清华．一维纳米结构导电聚苯胺的研究进展．高分子材料科学与工程，2006，22

（5）：19-22.

[3] 朱英，万梅香，江雷. 聚苯胺微/纳米结构及其应用. 高分子通报，2011，（10）：15-32.

[4] 赖延清，卢海，张治安，李晶，李劼. 聚苯胺纳米纤维的界面聚合法合成及电化学电容行为. 中南大学学报（自然科学版），2007，38（6）：1110-1114.

[5] Wang，B. X.，Yin，Y. C.，Liu，C. J.，Yu，S. S.，Chen K. Z.. Synthesis and Characterization of Clay/Polyaniline Nanofiber Hybrid. *J. Appl. Polym. Sci.*，2013，128（2）：1304-1312.

[6] Wang，B. X.，Liu，C. J.，Yin，Y. C.，Tian，X. L.，Yu，S. S.，Chen，K. Z.. The Electrorheological Properties of Polyaniline Nanofiber/Kaolinite Hybrid Nanocomposite. *J. Appl. Polym. Sci.*，2013，130，1104-1113.

（王宝祥）

全书参考文献

[1] 北京大学化学系. 有机化学实验. 北京：北京大学出版社，1990.

[2] 丁长江. 有机化学实验. 北京：科学出版社，2006.

[3] 彭新华. 大学化学实验. 北京：化学工业出版社，2007.

[4] 徐伟亮. 基础化学实验. 北京：科学出版社，2005.

[5] 李青山. 材料科学与工程实验教程（高分子分册）. 北京：冶金工业出版社，2012.

[6] 潘清林. 金属材料科学与工程实验教程. 长沙：中南大学出版社，2006.

[7] 王明朴. 材料科学与工程实验教程. 北京：冶金工业出版社，2011.

[8] 陈国斌. 高分子实验技术（修订版）. 上海：复旦大学出版社，1996.

[9] 北大化学系高分子教研室. 高分子实验与专论. 北京：北京大学出版社，1990.

[10] 李允明. 高分子物理实验. 杭州：浙江大学出版社，1996.

[11] 李慧，崔占全，潘清林，赵长生. 材料科学与工程实验系列教材：材料科学基础实验教程. 哈尔滨：哈尔滨工业大学出版社，2011.

[12] 王吉会. 腐蚀科学与工程实验教程. 北京：北京大学出版社，2013.

[13] 杨力远，南雪丽. 材料科学与工程实验系列教材：无机胶凝材料与耐火材料实验教程. 哈尔滨：哈尔滨工业大学出版社，2012.

[14] 李维娟. 材料科学与工程实验指导书. 北京：冶金工业出版社，2016.

附录 ▶▶▶

实验室安全守则

"安全第一，预防为主"是安全工作的方针，为避免造成人身事故或设备财产的破坏和损失，杜绝安全事故的发生，确保实验室工作的正常进行，特制定本守则。

一、实验室的安全工作，坚持各级主管领导的负责制，实验室的工作人员必须贯彻"安全第一"的方针，并认真遵守各项安全规定。实验室设立专职或兼职安全管理人员，对于不符合规定的操作或不利于安全的行为，应予坚决制止并做好必要记录。

二、实验室要根据本实验室工作特点，建立安全考核制度，落实防火、防爆、防盗措施，明确职责并落实到人，将安全工作经常化、制度化。值班人员必须坚守自己的工作岗位，认真做好安全管理工作；当班的教师要积极配合值班人员进行实验室的安全检查；不断地对实验室工作人员及学生进行安全教育，防患于未然。

三、为取保实验室工作人员的安全与健康，对易燃、易爆、剧毒、易腐蚀的物品，应按规定领取和存放；要制定严格的安全制度及相应保护措施，并由安全员负责监督执行。

四、实验室严禁乱拉乱接电源，电路应按规定布设，禁止超负荷用电，应定期检查线路及通风防风设备。

五、对于违章操作、玩忽职守、忽视安全而造成的重大事故，实验室工作人员要保护现场，及时向有关部门报告，采取措施，使损失减小到最低程度。

六、实验室的消防器材应妥善管理和保养并保持完好状态，实验室工作人员应了解其性能并掌握其使用方法。

七、实验室工作人员离开实验室时要关好实验室门窗、气源和水源后，方可离开。

八、实验室发现不安全因素后，应立即采取有效措施并及时上报主管部门及保卫部门。凡违反安全规定造成的事故，必须进行及时上报，任何人不准隐瞒不报，必须按有关规定对主管领导与当事人进行严肃处理。

九、配合保卫部门及管理部门做好实验室的安全保障工作。每学期对实验室的消防安全工作进行一次全面检查，并作为实验室考评的一项重要指标。